水利科研单位
预算绩效管理工作规程

张向东　黄鹏鹍　周普　主编

中国水利水电出版社
www.waterpub.com.cn
·北京·

内 容 提 要

本书主要涉及预算绩效全过程管理。书中不仅详细列明预算绩效申报及批复、执行监控、绩效评价等工作内容、工作流程、注意事项，还汇总了近年来发现问题，汇编了财政部、水利部的相关制度文件。

本书将操作实务与制度文件相结合，有利于指导相关项目负责人、财务人员全面了解预算绩效管理的政策规定，掌握相应工作流程、工作要点，对加强预算绩效管理、提高资金使用效益具有重要意义。

图书在版编目（CIP）数据

水利科研单位预算绩效管理工作规程 / 张向东，黄鹏鹃，周普主编. -- 北京：中国水利水电出版社，2023.8
ISBN 978-7-5226-1771-8

Ⅰ．①水… Ⅱ．①张… ②黄… ③周… Ⅲ．①水利工程－预算－经济绩效－财务管理－规程 Ⅳ．①TV512-65

中国国家版本馆CIP数据核字（2023）第164566号

书　名	水利科研单位预算绩效管理工作规程 SHUILI KEYAN DANWEI YUSUAN JIXIAO GUANLI GONGZUO GUICHENG
作　者	张向东　黄鹏鹃　周　普　主编
出版发行	中国水利水电出版社 （北京市海淀区玉渊潭南路1号D座　100038） 网址：www.waterpub.com.cn E-mail：sales@mwr.gov.cn 电路：（010）68545888（营销中心）
经　售	北京科水图书销售有限公司 电话：（010）68545874、63202643 全国各地新华书店和相关出版物销售网点
排　版	中国水利水电出版社微机排版中心
印　刷	清淞永业（天津）印刷有限公司
规　格	184mm×260mm　16开本　21.25印张　379千字
版　次	2023年8月第1版　2023年8月第1次印刷
印　数	001—500册
定　价	128.00元

凡购买我社图书，如有缺页、倒页、脱页的，本社营销中心负责调换

版权所有·侵权必究

本书编委会

主　　编：张向东　黄鹏鹃　周　普
副 主 编：陆　崴　贾欣然
编写人员：郭　丹　英　杰　童　瑶　王　宁
　　　　　　李峻珏　李紫云

前 言

党中央、国务院高度重视预算绩效管理工作,多次强调要深化预算制度改革,加强预算绩效管理,提高财政资金使用效益和政府工作效率。2015年新《中华人民共和国预算法》将"讲求绩效"作为预算管理的基本原则之一,对预算绩效管理做出了具体规定。2017年党的十九大报告强调,要"加快建立现代财政制度,建立全面规范透明、标准科学、约束有力的预算制度,全面实施绩效管理"。2018年9月,《中共中央 国务院关于全面实施预算绩效管理的意见》正式印发,明确提出力争3~5年时间基本建成全方位、全过程、全覆盖的预算绩效管理体系,着力提高预算管理水平和政策实施效果,为经济社会发展提供有力保障。2021年5月,《国务院关于进一步深化预算管理制度改革的意见》要求,推进预算和绩效管理一体化,强化绩效管理,增强预算约束力。

近年来,财政部逐步完善部门预算绩效管理制度,加强重点部门及重大项目绩效评价与复核,将绩效评价结果作为年度预算安排和调整的依据。审计署在年度预算执行等审计工作中,将预算绩效管理作为重点关注事项,对部属单位提出了预算绩效管理制度不健全、绩效编制不细不科学、评价不准确及项目绩效不高等审计问题。水利部相继印发了《水利部部门预算绩效管理暂行办法》及《水利部部门预算绩效考核暂行办法》等文件,进一步压实部属单位管理责任,规范预算绩效管理工作。

为进一步规范中国水利水电科学研究院预算绩效管理,提高资金使用效益,院财资处按照党中央、国务院及有关部委的要求,结合近年来中国水利水电科学研究院预算绩效管理情况,于2022年8月印发了《中国水科院预算绩效管理实施细则》,同时编写了《中国水利水电科学研究院预算绩效管理工作操作手册》(以下简称《手册》)。《手册》主要包括项目绩效申报及批复、项目绩效执行监控、项目绩效评价、制度文件等 8 个部分，帮助广大科研人员和财务人员更好地理解和掌握预算绩效管理的有关要求。

由于时间紧促，在文件收录、流程设计和制度摘编等方面难免存在疏漏之处，敬请批评指正。

中国水利水电科学研究院

财务资产管理处

2023 年 3 月

目 录

前言

第1部分 绩效管理工作流程 1

第2部分 单位整体支出绩效管理（不涉及所中心）..................................5
 第1节 单位整体支出绩效评价工作流程图 7
 第2节 单位整体支出绩效评价工作要求 11
 第3节 《单位整体支出绩效目标申报表》填报说明 15

第3部分 项目绩效申报及批复 31
 第1节 项目绩效申报及批复工作流程图 33
 第2节 项目绩效申报及批复工作要求 39
 第3节 《项目支出绩效目标申报表》填报说明 43

第4部分 项目绩效执行监控 53
 第1节 项目绩效执行监控工作流程图 55
 第2节 项目绩效执行监控工作要求 59
 第3节 《项目支出绩效执行监控表》填报说明 63

第5部分 项目绩效自评价 69
 第1节 项目绩效自评价工作流程图 71
 第2节 项目绩效自评价工作要求 75
 第3节 《项目支出绩效自评表》填报说明 79

第6部分 试点项目绩效评价 85
 第1节 试点项目绩效评价工作流程图 87
 第2节 试点项目绩效评价工作要求 91
 第3节 《试点项目绩效评价报告》《评分表》填报及佐证材料说明........95

第 7 部分	历年发现问题汇总	129
第 8 部分	制度文件	137
第 1 节	中共中央 国务院关于全面实施预算绩效管理的意见	139
第 2 节	财政部关于印发《中央部门预算绩效目标管理办法》的通知	147
第 3 节	财政部关于印发《中央部门预算绩效运行监控管理暂行办法》的通知	175
第 4 节	财政部关于印发《项目支出绩效评价管理办法》的通知	185
第 5 节	水利部关于印发《水利部部门预算绩效管理暂行办法》的通知	201
第 6 节	财政部关于印发《中央部门项目支出核心绩效目标和指标设置及取值指引（试行）》的通知	209
第 7 节	水利部关于印发《水利部部门预算绩效管理工作考核暂行办法》的通知	221
第 8 节	水利部财务司关于印发《水利部重点二级项目预算绩效共性指标体系框架（2021版）》的通知	233
第 9 节	中国水科院关于印发《中国水科院预算绩效管理实施细则》的通知	323

第1部分

绩效管理工作流程

1. 项目绩效管理工作流程

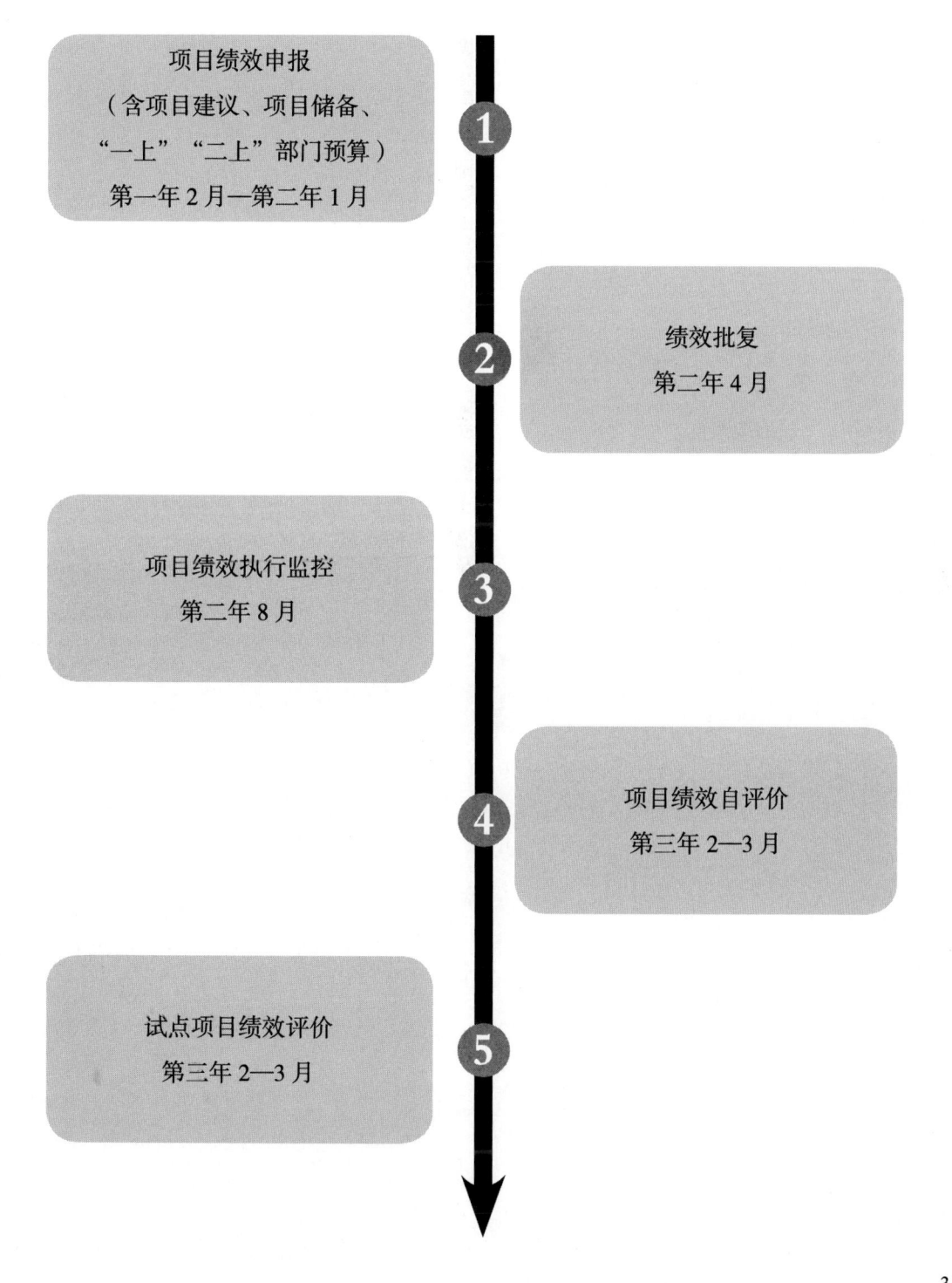

1 项目绩效申报
（含项目建议、项目储备、"一上""二上"部门预算）
第一年2月—第二年1月

2 绩效批复
第二年4月

3 项目绩效执行监控
第二年8月

4 项目绩效自评价
第三年2—3月

5 试点项目绩效评价
第三年2—3月

2. 单位整体支出绩效管理工作流程

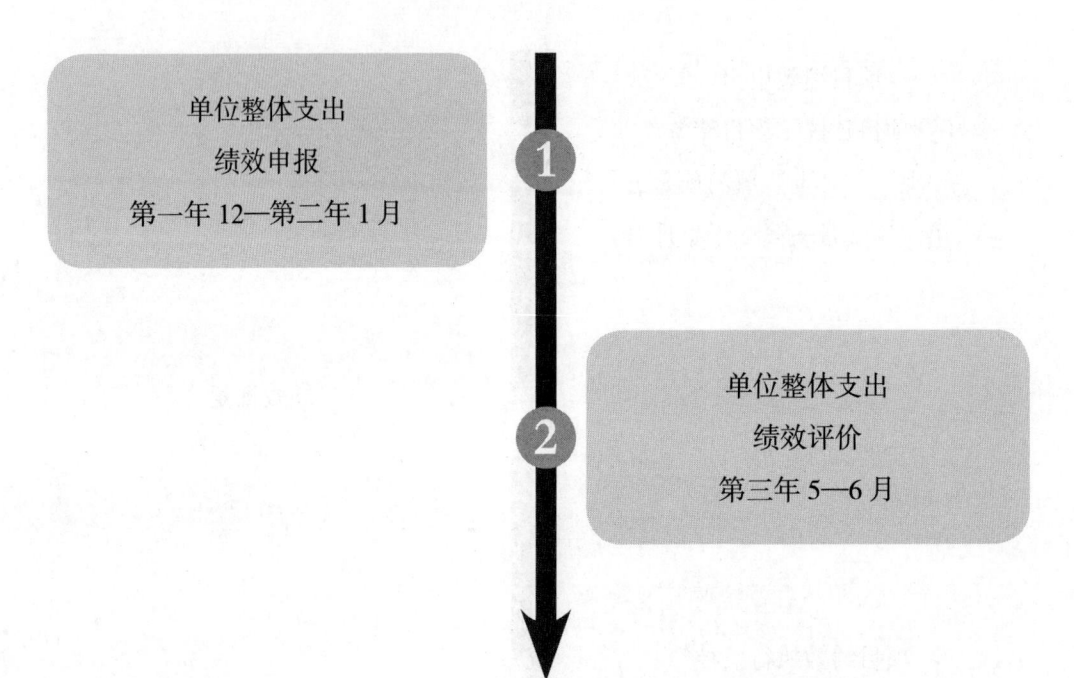

① 单位整体支出绩效申报　第一年12—第二年1月

② 单位整体支出绩效评价　第三年5—6月

第 2 部分

单位整体支出绩效管理
（不涉及所中心）

第1节
单位整体支出绩效评价工作流程图

第1节 单位整体支出绩效评价工作流程图

1. 绩效申报

1.1 工作内容：财资处发布《绩效申报通知》及《单位整体支出绩效目标申报表》。

相关职能部门、综合事业部门结合院实际情况填写《单位整体支出绩效目标申报表》。

财资处汇总绩效目标指标，经院长办公会审议通过后，随"二上"部门预算一并上报水利部。

1.2 工作材料：《单位整体支出绩效目标申报表》

1.3 时间要求：每年12月—次年1月

1.4 经办人员：财资处预算统计科　××、×××
　　　　　　68786207/6607　　cwysk@iwhr.com

附件1　《单位整体支出绩效目标申报表》

2. 绩效评价

2.1 工作内容：财资处根据水利部要求，发布《单位整体支出绩效评价工作通知》及相关附件。

相关职能部门、综合事业部门根据通知要求，收集绩效佐证材料，将年度绩效目标指标完成情况报财资处。

财资处、科研计划处根据年度绩效目标指标完成情况及《绩效评价指标体系及评分标准》，撰写《单位整体支出绩效评价报告》，完成绩效评价工作。

2.2 工作材料：《单位整体支出绩效报告模版》《单位整体支出绩效评价指标体系》

2.3 时间要求：次年5月—6月

2.4 经办人员：财资处预算统计科　××、×××
　　　　　　68786207/6607　　cwysk@iwhr.com

附件2-1　《单位整体支出绩效报告模版》
附件2-2　《单位整体支出绩效评价指标体系》

第 2 节

单位整体支出绩效评价工作要求

第 2 节 单位整体支出绩效评价工作要求

单位整体支出绩效目标是指中央部门所属单位按照确定的职责，利用全部部门预算资金在一定期限内预期达到的总体产出和效果。相关工作要求如下。

一、绩效申报

1. 每年 12 月—次年 1 月，在编报"二上"部门预算时同步填报《单位整体支出绩效目标申报表》（填报示例详见附件 1）。

2. 绩效目标要能清晰反映全院预算年度内资金的预期产出和效果，并以相应的绩效指标予以细化、量化描述。

3. 绩效指标由相关职能部门、综合事业部门根据单位职责，结合院实际情况提供，财资处汇总。填报绩效指标时，应严格按照规定格式填写，同时应精简指标数量，建议绩效指标不超过 20 条。

4. 经院长办公会审议通过后，《单位整体支出绩效目标申报表》随"二上"部门预算上报水利部。

二、"二下"批复

由于"二下"部门预算不单独对《单位整体支出绩效目标申报表》做批复，因此"二上"部门预算时上报的单位整体支出绩效目标指标作为单位整体支出绩效评价的依据。

三、绩效评价

根据水利部工作部署安排，财资处会同科研计划处组织院属相关部门开展单位整体支出绩效评价工作（评价报告及评价体系示例详见附件 2-1、附件 2-2）。

单位整体支出绩效评价内容主要包括：决策情况、资金管理和使用情况、相关管理制度办法的健全性及执行情况、实现的产出情况、取得的效益情况以及其他相关内容。

第3节
《单位整体支出绩效目标申报表》填报说明

第3节 《单位整体支出绩效目标申报表》填报说明

一、年度绩效目标

年度总体目标：描述全院利用全部部门预算资金在本年度内预期达到的总体产出和效果。

1. 年度总体目标应清晰明确，应按照"目标1""目标2""目标3"等逐条逐项进行描述。

2. 年度总体目标应与全院当年主要任务相匹配，每项任务都应有相应绩效目标作支撑。

3. 年度总体目标应阐明全院主要工作预期达到的产出和效果，不得简单罗列工作内容。

二、绩效指标

绩效指标设置要求参照项目支出绩效指标设置相关要求。

第 2 部分
单位整体支出绩效管理（不涉及所中心）

附件 1

单位整体支出绩效目标申报表（示例）
（20XX 年度）

单位名称	×××				
年度总体目标	目标1：以"节水优先、空间均衡、系统治理、两手发力"治水思路为指导，坚持新发展理念和创新驱动发展战略，扎实推进科研创新，提出一批高水平、高质量、具有原创性的科研成果，对水利水电事业发展起到显著科技支撑作用。 目标2：加强科研人才培养，实施好"五大人才"计划，积极落实绩效工资分配激励政策与科技成果转化奖励措施，建设与建成世界一流水利水电研究院目标相适应的高素质人才队伍。 目标3：不断完善研究生教育的教学和管理，进一步提高高水平研究生培养数量和质量，提升研究生培养教育水平。 目标4：进一步深化国际合作交流，强化国际组织桥梁纽带作用，开拓国际市场，提升中国水利的国际影响力。 目标5：贯彻实施国家标准化发展战略，加强水利水电相关技术标准建设，促进全院科技成果转化为标准，为水利技术监督工作提供技术支撑。 目标6：规范和推进科研仪器设备开放共享，提高科研仪器设备使用效率				
绩效指标	一级指标	二级指标	三级指标	指标值	填报单位
	产出指标	数量指标	报批标准项数（××项）	×××	标准化中心
	产出指标	数量指标	发明专利占比（≥××%）	×××	科研计划处
	产出指标	数量指标	论文三大检索系统收录占比（≥××%）	×××	科研计划处
	产出指标	数量指标	年度论文完成率（≥××%）	×××	科研计划处
	产出指标	数量指标	年度省部级以上奖励完成率（≥××%）	×××	科研计划处
	产出指标	数量指标	年度授权专利完成率（≥××%）	×××	科研计划处
	产出指标	数量指标	对外合作交流次数（××次）	×××	国际合作处

续表

	一级指标	二级指标	三级指标	指标值	填报单位
绩效指标	产出指标	数量指标	开展人才技能素质提升培训班（≥××次）	×××	人事处
	产出指标	数量指标	培养硕士生数量（××人）	×××	研究生院
	产出指标	数量指标	培养博士生数量（××人）	×××	研究生院
	产出指标	数量指标	大型仪器设备开放共享数量（××台）	×××	条件平台处
	产出指标	质量指标	贯彻落实国家科研管理政策的情况	×××	科研计划处
	产出指标	质量指标	项目通过验收率（≥××%）	×××	科研计划处
	产出指标	质量指标	质量管理体系	×××	标准化中心
	产出指标	质量指标	落实绩效工资分配激励政策与科技成果转化奖励措施	×××	人事处
	产出指标	质量指标	人才培训合格率（××%）	×××	人事处
	效益指标	社会效益指标	科研成果对水利水电事业发展的科技支撑作用	×××	科研计划处
	效益指标	社会效益指标	对外交流提升中国水利的国际影响力	×××	国际合作处
	满意度指标	服务对象满意度指标	大型科研仪器设备开放共享评估考核	×××	条件平台处
	满意度指标	服务对象满意度指标	下级单位对院班子考核结果	×××	人事处

备注：以上为示例，实际填报中相关单位可根据实际情况修改绩效指标、指标值等。

第 2 部分
单位整体支出绩效管理（不涉及所中心）

附件 2-1

XXXX 年度单位整体支出绩效评价报告
（模版）

一、单位基本情况概述

（一）单位基本情况

（二）单位批复的主要职责

（三）机构设置和人员编制

（四）年初申报的绩效目标

（五）单位预算资金安排

（六）资产情况

二、绩效评价工作开展情况

（一）绩效评价目的、对象和范围

（二）绩效评价原则、评价指标体系、评价方法、评价标准等

（三）绩效评价工作过程

三、综合评价情况及评价结论

四、绩效评价指标分析

（一）决策情况

（二）过程情况

（三）产出情况

（四）效益情况

五、存在的主要问题及相关建议

六、其他需要说明的问题

第3节 《单位整体支出绩效目标申报表》填报说明

附件 2-2

XXXX年度单位整体支出绩效评价指标体系（示例）

一级指标	分值	二级指标	分值	三级指标	分值	四级指标	分值	指标解释	计划指标值	实际完成值	评价标准	得分
决策	15	目标设定	10	绩效目标合理性	6	与国家法律法规、国民经济和社会发展规划相符性	2	单位所设定的目标是否有法律法规作为依据，是否符合国民经济和社会发展总体规划	—	—	1. 完全符合的（有法律或规划依据且没有违反相关规定），[1.6~2]分； 2. 较为符合的（有1项不符合法律或规划等依据，情况一般的），[1.2~1.6)分； 3. 符合情况较差的（有2项以上不符合法律或规划等依据，情况较差的），[0~1.2)分	2
						与单位职责、"三定"方案确定的职责相符性	2	制定的目标是否同本单位的职责相符，是否符合国家关于"定岗、定员、定责"的规定	—	—	1. 完全符合的，[1.6~2]分； 2. 较为符合的，[1.2~1.6)分； 3. 符合情况较差的，[0~1.2)分	2
						年度工作任务的相符性	2	是否同本单位所制定的本年度任务，以及中长期的规划相符合	—	—	1. 完全符合的，[1.6~2]分； 2. 较为符合的，[1.2~1.6)分； 3. 符合情况较差的，[0~1.2)分	2
				绩效指标明确性	4	可细化、可衡量程度、年度的任务数或计划数的明确性	2	依据绩效指标是否清晰、可衡量等，反映和考核项目绩效目标明细化情况	—	—	1. 绩效指标清晰、细化、量化、明确，[1.6~2]分； 2. 绩效指标较为清晰、细化、量化、明确，[1.2~1.6)分； 3. 绩效指标细化、量化、明确程度较差，[0~1.2)分	2
						与单位预算的匹配性	2	是否与本单位的年度预算所能获得的资金及绩效指标涉及的工作内容与预算明细是否相符	—	—	1. 完全匹配的，[1.6~2]分； 2. 较为匹配的，[1.2~1.6)分； 3. 匹配情况较差，[0~1.2)分	2

第2部分
单位整体支出绩效管理（不涉及所中心）

续表

一级指标	分值	二级指标	分值	三级指标	分值	四级指标	分值	指标解释	计划指标值	实际完成值	评价标准	得分
决策	15	预算配置	5	在职人员控制率	2	年度在职人员控制率	2	年度在职人员控制率指标主要考核在职人员是否超编，同时技术人员是否稳定作为一项考核依据。1.在职人员控制率=（在职人员数/编制数）×100%。在职人员数：单位实际在职人员数，以财政部确定的单位决算编制口径为准。编制数：机构编制部门定批复的单位人员编制数。2.技术人员稳定率=（本年度技术人员数/上年度技术人员数）×100%，一般应≥90%。	—	—	1.年度在职人员控制率≤100%，的，[1.6~2]分；2.年度在职人员控制率<90%的，[1.2~1.6]分；3.年度在职人员控制率>100%的，[0~1.2]分	2
				"三公经费"变动率	3	年度"三公经费"变动率	3	单位本年度"三公经费"预算数与上年度预算数的变动比率，用以反映和考核单位对控制行政运行成本的努力程度。"三公经费"变动率=[（本年度"三公经费"总额-上年度"三公经费"总额）/上年度"三公经费"总额]×100%。年度"三公经费"：年度预算安排的因公出国（境）费、公务车辆购置及运行费和公务招待费	—	—	1.年度"三公经费"变动率≤0%，得3分；2.年度"三公经费"变动率>0%，0分，若存在特殊情况，可酌情赋分[0~3]分	3

第3节 《单位整体支出绩效目标申报表》填报说明

续表

一级指标	分值	二级指标	分值	三级指标	分值	四级指标	分值	指标解释	计划指标值	实际完成值	评价标准	得分
过程	20	预算执行	8	预算完成率	2	财政资金预算完成率	1.5	财政资金预算完成率=(财政资金预算完成数/财政资金预算数)×100%。财政资金预算完成数：实际完成的财政资金预算数；财政资金预算数：财政部门批复单位本年度财政资金预算数。	—	—	1. 财政资金预算完成率=100%的，得1.5分； 2. 100%>财政资金预算完成率≥60%的，完成率每减少1%，扣分为标准值的2%，扣完为止； 3. 财政资金预算完成率<60%，不得分	1.5
						其他资金预算完成率	0.5	其他资金预算完成率=(其他资金预算完成数/其他资金预算数)×100%。其他资金预算完成数：实际完成的其他资金预算数；其他资金预算数：财政部门批复单位本年度其他资金预算数	—	—	1. 其他资金预算完成率[80%~130%]，得0.5分； 2. 其他资金预算完成率<80%或≥130%，[0~0.5)分	0.5
				预算调整率	1	年度预算调整率	1	单位本年度预算调整数与预算数的比率，用以反映和考核单位预算的调整程度。预算调整率=(预算调整数/预算数)×100%。预算调整指单位在本年度内履行程序后取得正式批复的情况	—	—	1. 预算调整率≤10%的，得1分； 2. 预算调整率每变动1%，扣0.1分，扣完为止； 3. 未经批准自行调整的，0分	1

23

第2部分
单位整体支出绩效管理（不涉及所中心）

续表

一级指标	分值	二级指标	分值	三级指标	分值	四级指标	分值	指标解释	计划指标值	实际完成值	评价标准	得分
过程	20	预算执行	8	支付进度率	1	财政资金支付进度率	1	单位支付进度与既定支付进度的比率，用以反映及时性和均衡性的单位预算执行程度。支付进度率＝（实际支付进度/既定支付进度）×100%。实际支付进度：单位在年底的支出预算执行数与预算总数的比率。既定支付进度：由单位在申报单位整体绩效目标时，参照序时进度确定的，在年底应达到的支付进度（比率）	—		1. 年度支付进度率≥90%，且季度支付进度符合序时的，得[0.8~1]分；2. 年度支付进度率＜90%且≥85%，支付较符合序时的，[0.6~0.8]分；3. 年度（或季度）支付进度率＜85%，季度支付不符合序时的，[0~0.6]分	1
				结转结余变动率	1	结转结余变动	1	结转结余变动率＝（本年度累计结转结余资金总额−上年度累计结转结余资金总额）/上年度累计结转结余资金总额×100%	—		1. 结转结余变动率≤0%的，得[0.8~1]分；2. 结转结余变动率＞0%，≤10%的，[0.6~0.8]分；3. 结转结余变动率＞10%的，[0~0.6]分	1
				公用经费控制率	1	公用经费控制率	1	单位本年度实际支出的公用经费总额与预算安排的公用经费总额的比率，用以反映转成本的单位对机构运转成本的实际控制程度。公用经费控制率＝（实际支出公用经费总额/预算安排公用经费总额）×100%	—		1. 公用经费控制率[80%~100%]的，得1分；2. 公用经费控制率＞100%或＜80%的，[0~1]分	1

第3节 《单位整体支出绩效目标申报表》填报说明

续表

一级指标	分值	二级指标	分值	三级指标	分值	四级指标	分值	指标解释	计划指标值	实际完成值	评价标准	得分
过程	20	预算执行	8	"三公经费"控制率	1	"三公经费"控制率	1	单位本年度"三公经费"实际支出数与预算安排数的比率,用以反映单位对"三公经费"的实际控制程度。"三公经费"控制率=("三公经费"实际支出数/"三公经费"预算安排数)×100%	—	—	1. "三公经费"控制率≤100%的,得1分; 2. "三公经费"控制率>100%的,0分	1
				政府采购执行率	1	政府采购执行率	1	单位本年度实际政府采购金额与政府采购预算的比率,用以反映单位政府采购预算执行情况。政府采购执行率=实际政府采购事项(金额)/政府采购预算数×100%;政府采购预算:采购机关根据事业发展计划和行政任务编制的,并经过规定程序批准的年度政府采购计划	—	—	1. 政府采购执行率≥90%,得1分; 2. 政府采购执行率<90%,0分	1
		预算管理	7	管理制度健全性	2	制定或具有合法、合规、完整的管理制度	2	单位为加强预算管理、规范财务和业务行为而制定的管理制度是否合法、合规、完整,用以反映单位主要业务管理制度对完成主要职责或促进事业发展的保障情况	—	—	1. 制度合法、合规、完整的,得[1.6~2]分; 2. 制度合法、合规,但内容有缺漏的,[1.2~1.6]分; 3. 制度内容与相关法规有冲突的,0分	2
				资金使用合规性	4	资金使用的合规性	2	单位相关的预算资金是否符合相关的财务管理制度规定,资金拨付是否有完整的审批程序,手续是否齐全,用以反映资金管理预算资金使用的规范性	—	—	1. 资金使用合规的,得[1.6~2]分; 2. 资金使用较为合规的,[1.2~1.6]分; 3. 资金使用不够合规的,[0~1.2]分。根据检查发现的性质和频率进行判断	2

25

第2部分
单位整体支出绩效管理（不涉及所中心）

续表

一级指标	分值	二级指标	分值	四级指标	分值	指标解释	计划指标值	实际完成值	评价标准	得分
过程	20	预算管理	7	资金使用合规性	4	资金支出与预算批复的相符性	2	单位资金支出是否符合预算批复资金使用范围，用以反映和考核预算支出与预算的相符性	—	—	1. 资金支出与预算批复相符的，得[1.6~2]分；2. 资金支出与预算批复较为相符的，[1.2~1.6)分；3. 资金支出与预算批复不够相符的，[0~1.2)分。根据检查发现的性质和频率进行判断	2
				基础信息的真实性、完整性、准确性	1	单位基础信息是否真实、情况，是否存在虚假的基础信息，用以反映和考核基础信息是否完整、重要信息是否缺失、信息的真实、准确性情况	—	—	1. 基础信息真实完整准确的，得[0.8~1]分；2. 基础信息较为完整准确的，[0.6~0.8)分；3. 存在虚假信息、基础信息不够完整准确的，[0~0.6)分。根据检查发现的性质和频率进行判断	1
				制定或具有合法、合规、完整的资产管理制度	1	单位为加强资产管理而制定的资产管理制度是否合法、合规、完整，用以反映和考核单位资产管理制度对完成主要职责或事业发展促进的保障情况	—	—	1. 制度合法、合规、完整的，得[0.8~1]分；2. 制度合法、合规，但内容不够完整准确的，[0.6~0.8)分；3. 制度内容与相关法规有冲突的，[0~0.6)分。根据检查发现的性质和频率进行判断	1
		资产管理	5	资产配置、使用、处置的合规性	2	单位的资产是否保存完整、使用规范、配置合理、处置合规，用以反映和考核单位资产日常使用的规范性	—	—	1. 资产配置、使用、处置合规，[0.8~1]分；2. 资产配置、使用、处置较合规，[0.6~0.8)分；3. 资产配置、使用、处置存在违规情况，[0~0.6)分。根据检查发现的性质和频率进行判断	1

续表

一级指标	分值	二级指标	分值	三级指标	分值	四级指标	分值	指标解释	计划指标值	实际完成值	评价标准	得分
过程指标	20	资产管理	5	资产管理安全性	2	资产财务管理的合规性	1	单位资产收入是否足额及时上缴，资产账实是否相符，用以反映资产财务核算的合规性	—	—	1. 资产财务管理合规的，得[0.8~1]分；2. 资产财务管理较合规的，得[0.6~0.8)分；3. 资产财务管理不够合规的，得[0~0.6)分。根据检查发现的性质和频率进行判断	1
				固定资产利用率	2	固定资产利用率	2	用以反映和考核单位固定资产使用效率程度。固定资产利用率＝（实际在用固定资产/所有固定资产）×100%	—	—	1. 固定资产利用率≥95%的，得[1.6~2]分；2. 固定资产利用率＜95%的，偏差在5%以内，[1.2~1.6)分；3. 固定资产利用率＜95%以上，偏差在5%以上，[0~1.2)分	2
产出指标	40	职责履行	45	工作量指标	30	编辑出版英文学术期刊（×期）	10	完成编辑出版SCI期刊《国际泥沙研究》《国际水土保持研究》4期	10	10	每完成1期期刊的编辑出版任务，得1分，最高10分	10
						编辑出版《中国河流泥沙公报》（×期）	4	完成《中国河流泥沙公报》（2020年）的编辑出版工作	1	1	1. 完成，得4分；2. 未完成但经上级批准且履行调整手续的，得2分；3. 未完成且未经上级批准的，得0分	4
						编辑发布国际泥沙计划、世界水土学会通讯	2	国际泥沙计划（ISI）简报（每季度）、世界水土保持学会月度通讯（每月）	16	16	实际得分＝（实际发布期数/16）×2分	2
						开展国际学术活动（×项）	10	完成年度国际学术活动计划	5	6	每完成主办（或承办、协办）1项国际学术会议、论坛或培训，得2分，最高10分	10

第2部分
单位整体支出绩效管理（不涉及所中心）

续表

一级指标	分值	二级指标	分值	三级指标	分值	四级指标	分值	指标解释	计划指标值	实际完成值	评价标准	得分
产出	40	职责履行	45	工作量指标	30	水土保持项目工作完成度	2	年度发布江河泥沙相关数据条数	500	650	1.单项项目（指标）按计划超计划指标值完成的，得2分；2.单项项目（指标）未完成，但有客观理由，实际完成率×2分；3.无客观理由、无调整手续未完成计划指标的，得0分	2
							2	年度发布土壤侵蚀相关数据条数	500	619		2
				质量指标	7	出版物通过年度核查	3	出版物《国际泥沙研究》和《国际水土保持研究》通过国家主管部门的年度核查	通过	通过	1.通过国家主管部门的年度核查，得3分；2.不通过国家主管部门的年度核查，得0分	3
						通过行政主管部门或业主验收率	4	技术咨询报告通过行政主管部门或业主验收通过率（×%）	100%	100%	实际得分=验收通过率×4分	4
				时效指标	8	期刊上线出版发行时间	4	《国际泥沙研究》每双月末，《国际水土保持研究》每季度末	按时完成	按时完成	1.每期均按时完成，得4分；2.未按时达到既定标准的，实际得分=（达标期数/总期数）×4分	4
						公报出版时间	4	2021年6月底前完成	按时完成	按时完成	1.按时完成，得4分；2.未按时完成，但在年度内完成，[2~3]分；3.未出版，得0分	4

续表

一级指标	分值	二级指标	分值	三级指标	分值	四级指标	分值	指标解释	计划指标值	实际完成值	评价标准	得分
效益	25	履职效益	20	社会效益	10	促进泥沙和水土保持国际交流	3	促进泥沙和水土保持国际交流效果显著	效果显著	效果显著	1. 效益显著，1.6~2分；2. 效益较显著，[1.2~1.6）分；3. 效益不够显著，[0~1.2）分	3
						全球土壤侵蚀与江河泥沙数据公开	3	数据在网站公开，提高公众的环境保护意识	在网站公开发布	在网站公开发布	1. 数据在网站公开，得2分；2. 数据未在网站公开，得0分	3
						泥沙中心国际知名度	4	世界泥沙学会和世界水土保持学会会员对泥沙中心的知晓率（≥×%）	80%	86%	1. 知晓率≥80%，2分；2. 60%≤知晓率<80%，=知晓率/80%×2分，得分；3. 知晓率≤60%，不得分	4
				服务对象满意度	10	委托单位满意率	3	咨询项目委托单位对泥沙中心工作的满意率（≥×%）	90%	95%	1. 满意率≥90%，2分；2. 60%≤满意率<90%，=满意率/90%×2分，得分；3. 满意率≤60%，不得分	3
						投稿作者满意率	3	投稿作者对两本英文学术期刊编辑出版服务的满意率（≥×%）	90%	95%	1. 满意率≥90%，2分；2. 60%≤满意率<90%，=满意率/90%×2分，得分；3. 满意率≤60%，不得分	3
						数据库用户满意率	4	全球土壤侵蚀与江河泥沙数据库的用户满意率（≥×%）	90%	95%	1. 满意率≥90%，2分；2. 60%≤满意率<90%，=满意率/90%×2分，得分；3. 满意率≤60%，不得分	4
得分合计												100

第 3 部分

项目绩效申报及批复

第 1 节
项目绩效申报及批复工作流程图

第 1 节　项目绩效申报及批复工作流程图

1. 项目建议

1.1　工作内容：财资处发布《通知》及《项目建议表》。

各所（中心）组织项目负责人在综合办公平台填报《项目建议表》，应根据项目内容及预期成果，填写"主要绩效目标及产出指标"，汇总后报财资处。

财资处组织开展审查后，行文报水利部财务司。

1.2　工作材料：《项目建议表》

1.3　时间要求：每年 2 月—3 月底前

1.4　经办人员：财资处预算统计科　××
　　　　　　　68786207/6607　　cwysk@iwhr.com

附件 3　《项目建议表》

2. 项目储备

2.1　工作内容：财资处将水利部项目建议审查意见反馈各所（中心）。

各所（中心）组织项目负责人按照项目建议审查意见编报《项目支出绩效目标申报表》，汇总后报财资处。

财资处组织开展审查后，行文报水利部财务司。

2.2　工作材料：《项目支出绩效目标申报表》

2.3　时间要求：每年 4 月—6 月底前

2.4　经办人员：财资处预算统计科　××
　　　　　　　68786207/6607　　cwysk@iwhr.com

附件 4　《项目支出绩效目标申报表》

3. "一上"部门预算

3.1 工作内容：财资处将水利部项目储备审查意见反馈各所（中心）。

各所（中心）组织项目负责人按照项目储备审查意见修改完善《项目支出绩效目标申报表》后报财资处。

财资处、科研计划处组织开展审查、录入财政部预算一体化系统，形成院"一上"部门预算，报院长办公会审议后，行文报水利部。

3.2 工作材料：《项目支出绩效目标申报表》

3.3 时间要求：每年7月—8月底前

3.4 经办人员：财资处预算统计科 ××
　　　　　　68786207　　cwysk@iwhr.com
　　　　　　科研计划处规划计划科 ××
　　　　　　68781072　　lvye@iwhr.com

附件4 《项目支出绩效目标申报表》

4. 绩效评审

4.1 工作内容：财资处、科研计划处发布《通知》，对抽评项目开展项目绩效评审。

项目负责人按照《通知》要求准备汇报材料，汇报项目工作内容及绩效目标指标设置情况，现场答疑并根据专家评审意见对绩效目标指标修改完善。

4.2 工作材料：《项目支出绩效目标申报表》及PPT

4.3 时间要求：每年10月底前

4.4 经办人员：财资处预算统计科 ××
　　　　　　68786207　　cwysk@iwhr.com
　　　　　　科研计划处规划计划科 ××
　　　　　　68781072　　lvye@iwhr.com

第1节　项目绩效申报及批复工作流程图

5. "二上" 部门预算

5.1　工作内容：财资处将水利部"一下"项目审查意见反馈各所（中心）。

各所（中心）组织项目负责人按照审查意见修改完善《项目支出绩效目标申报表》后报财资处。

财资处、科研计划处组织开展审查、录入财政部预算一体化系统，形成院"二上"部门预算，报院长办公会审议后，行文报水利部。

5.2　工作材料：《项目支出绩效目标申报表》

5.3　时间要求：每年12月—次年1月底前

5.4　经办人员：财资处预算统计科　××
　　　　　　　68786207　　cwysk@iwhr.com
　　　　　　　科研计划处规划计划科　××
　　　　　　　68781072　　lvye@iwhr.com

附件4 《项目支出绩效目标申报表》

6. "二下"预算批复

6.1　工作内容：财资处根据水利部"二下"部门预算批复，将项目的绩效目标及指标分解批复至项目负责人。

6.2　工作材料：《项目支出绩效目标申报表》

6.3　时间要求：每年4月底前

6.4　经办人员：财资处预算统计科　××
　　　　　　　68786207　　cwysk@iwhr.com

7. 预算绩效调整

7.1 工作内容：因政策变化、突发事件等因素导致绩效目标难以实现而确需调整的，项目负责人应于次年 6 月底前将绩效调整的说明材料报财资处初审。

财资处初审后，行文报水利部审核、财政部审批。

7.2 时间要求：每年 6 月底前

7.3 经办人员：财资处预算统计科　××

68786207/6607　　cwysk@iwhr.com

第 2 节
项目绩效申报及批复工作要求

第 2 节 项目绩效申报及批复工作要求

项目绩效申报及批复包括项目建议、项目储备、"一上"部门预算、项目绩效评审、"二上"部门预算、"二下"预算批复、预算绩效调整七个阶段。相关工作要求如下。

一、项目建议

每年 2 月—3 月申报项目建议。项目负责人应根据项目内容及预期成果，在《项目建议表》中填写"主要绩效目标及产出指标"（详见附件 3）。

二、项目储备、"一上""二上"部门预算

1. 每年 4 月—6 月开展项目储备。项目负责人根据项目建议审查意见编报《项目支出绩效目标申报表》（详见附件 4）。

2. 每年 7 月—8 月编报"一上"部门预算。项目负责人根据项目储备审查意见修改完善《项目支出绩效目标申报表》。（同附件 4）。

3. 每年 10 月组织开展项目绩效评审。项目负责人汇报项目工作内容及绩效目标指标设置情况，现场答疑并根据专家评审意见对绩效目标指标修改完善。

4. 每年 12 月—次年 1 月编报"二上"部门预算。项目负责人按照水利部"一下"项目审查意见修改完善《项目支出绩效目标申报表》（同附件 4）。

5. 绩效目标要能清晰反映预算资金的预期产出和效果，并以相应的绩效指标予以细化、量化描述。

6. 填报绩效指标时，应尽量从《水利部重点二级项目预算绩效共性指标体系框架》中选取，并严格按照规定格式填报绩效指标；应精简指标数量，每个项目建议不超过 15 条。

7. 涉及拆分课题的项目，由各课题负责人将填写好的《项目支出绩效目标申报表》发送至项目汇总人，由项目汇总人审核把关、打捆形成《项目支出绩效目标申报表》，与各课题填写的《项目支出绩效目标申报表》一并报财资处。

第3部分　项目绩效申报及批复

三、"二下"批复

次年4月,财资处根据水利部"二下"预算批复,将项目的绩效目标及指标分解批复至项目负责人。批复的绩效目标指标作为绩效监控、绩效评价等重要依据。

四、预算绩效调整

绩效目标指标批复后,一般不予调整。因政策变化、突发事件等因素导致绩效目标难以实现而确需调整的,项目负责人应于次年6月底前将绩效调整的说明材料报财资处初审。财资处按照部门预算调剂流程报水利部审核、财政部审批,并及时反馈绩效调整的批复结果。

第 3 节

《项目支出绩效目标申报表》填报说明

第3节 《项目支出绩效目标申报表》填报说明

一、基本信息

1.项目名称、主管部门及代码、实施单位、项目属性统一由财资处填写。

2.项目期：根据项目实际情况填写项目周期，一般填写"1年/2年/3年"。

3.中期资金总额：项目期为1年的，中期资金总额与年度资金总额一致。项目期为多年的，中期资金总额为多年合计数。中期资金总额应与项目申报书、支出计划表、二级项目支出明细表多年金额合计数保持一致。中期资金总额为财政拨款、其他资金合计，以万元为单位，保留小数点后两位。

3.1 其中财政拨款：填写项目期财政拨款金额合计数。

3.2 其中其他资金：填写项目期其他资金金额合计数。

4.年度资金总额：年度资金总额应与项目申报书、支出计划表、二级项目支出明细表当年金额保持一致。资金为财政拨款、其他资金合计。年度资金总额为财政拨款、其他资金合计，以万元为单位，保留小数点后两位。

4.1 其中财政拨款：填写当年财政拨款金额。

4.2 其中其他资金：填写上年财政结转金额及其他资金金额。

二、绩效目标

年度绩效目标：概括描述项目在本年度内预期达到的产出和效果。中期目标绩效目标：概括描述项目在项目期内预期达到的产出和效果。

1.绩效目标应清晰明确，应按照"目标1："“目标2:”“目标3："等逐条逐项进行描述。

2.绩效目标要阐明通过项目的实施，预期达到的产出和效果，不得简单罗列项目内容。

3.绩效目标应与项目当年或项目期内主要工作内容相匹配，主要工作内容都应有相应绩效目标作支撑。

三、绩效指标

1.绩效指标总体设置要求

（1）绩效指标应与绩效目标、项目内容直接关联。

（2）绩效指标应选取能体现项目主要产出和核心效果的指标，突出重点，每个项目建议不超过15条。

（3）绩效指标应细化、量化。确难以量化的，可采用定性表述，但应具有可衡量性，可使用分析评级的评价方式评判。

2.绩效指标具体设置要求

（1）一级指标：包括成本指标、产出指标、效益指标和满意度指标。

（2）二级指标：

①成本指标。包括经济成本指标、社会成本指标和生态环境成本指标。其中：

经济成本指标。反映实施相关项目所产生的直接经济成本。

社会成本指标。反映实施相关项目对社会发展、公共福利等方面可能造成的负面影响。

生态环境成本指标。反映实施相关项目对自然生态环境可能造成的负面影响。

注意事项：

• 工程基建类项目和改善科研条件专项应设置成本指标。如：经济成本指标中三级指标可设置"项目决算不超预算"，指标值为"是"。

②产出指标包括数量指标、质量指标、时效指标。其中：

数量指标。反映预期提供的公共产品或服务数量，应根据项目活动设定相应的指标内容。

质量指标。反映预期提供的公共产品或服务达到的标准和水平。

时效指标。反映预期提供的公共产品或服务的及时程度和效率情况。

注意事项：

• 每个项目都应设置数量指标和质量指标。

• 时效指标根据项目实际设置，不做强制要求。

• 同类型的数量指标可归并为一个指标填写，如"调研报告1份""总结报告1份"，可归并为"项目成果报告数量2份"。

• 编制质量指标"成果报告验收通过率（≥××%）"或类似指标，指标值统一填写为"100"。

• 如编制时效指标"项目按时完成率（≥××%）"，指标值统一填写为"100"。

③效益指标包括经济效益指标、社会效益指标、生态效益指标。其中：

经济效益指标。反映相关产出对经济效益带来的影响和效果，包括相关产出在当年及以后若干年持续形成的经济效益，以及自身创造的直接经济效益和引领行业带来的间接经济效益。

社会效益指标。反映相关产出对社会发展带来的影响和效果，用于体现项目实施当年及以后若干年在提升治理水平、落实国家政策、推动行业发展、服务民生大众、维持社会稳定、维护社会公平正义、提高履职或服务效率等方面的效益。

生态效益指标。反映相关产出对自然生态环境带来的影响和效果，即对生产、生活条件和环境条件产生的有益影响和有利效果。包括相关产出在当年及以后若干年持续形成的生态效益。

注意事项：

- 每个项目都应设置效益指标。
- 对于工程基建类项目和改善科研条件专项等，应考虑使用期限，必须在相关指标中明确当年及以后一段时期内预期效益发挥情况。

④满意度指标是对预期产出和效果的满意情况的描述，反映服务对象或项目受益人及其他相关群体的认可程度。

注意事项：

- 原则上应设立满意度指标，指标值应不低于"90"。如：三级指标"上级管理部门满意度（≥××%）"，指标值为"90"。

（3）三级指标：是对二级指标的进一步细化，尽量从《水利部重点二级项目预算绩效共性指标体系框架》《水科院预算绩效个性指标体系框架》中选取绩效指标。如仍无法满足需要，可按照规范格式填报绩效指标。

（4）指标值：严格按照规定格式填报，指标值处只保留数量及分级分档描述（如：5、95、98或好、一般、差）。

（5）分值权重：分值权重共计100%，主要用于项目绩效评价。其中：

①对于设置成本指标的项目，成本指标20%、产出指标40%、效益指标20%、满意度指标10%、预算执行率10%。

②对于未设置成本指标的项目，产出指标50%、效益指标30%、满意度指标10%、预算执行率10%。

③对于未设置成本指标、满意度指标的项目，产出指标50%、效益指标40%、预算执行率10%。

第3部分 项目绩效申报及批复

附件 3

项目建议表（示例）

填报单位：

序号	单位代码	单位名称	所属一级项目	项目内容	所属二级项目	上年度已安排经费/万元	上年规模的120%/万元	本年度拟申请经费/万元	新增经费需求/万元	主要绩效目标及产出指标	备注
(1)	(2)	(3)	(4)	(5)	(6)	(7)	(8)=(7)×120%	(9)	(10)=(9)-(7)	(11)	(12)
1	××	××	水旱灾害防御	1.灾害数据分析整理，《中国水旱灾害防御公报》编写。《中国水旱灾害防御公报》拟由5章2个附录组成，①综述；②洪涝灾害防御；③干旱灾害防御；④山洪灾害防御；⑤基础工作；⑥2个附录。2.《中国水旱灾害防御公报》的咨询、征求意见、审查。3.《中国水旱灾害防御公报》编辑出版、发行（非公开出版物）。水旱灾害现场调研，资料收集。根据当年水旱灾情制定调研实施方案，调整修正调研路线及实施方案，做好水旱灾害现场调研和资料收集工作。	防汛业务费	21.75	26.10	30.00	8.25	目标1：提高防汛抗旱信息服务水平，强化政府信息公开服务职能。目标2：向公众提供具有权威性、可信性和系统性的水旱灾害及防御信息，为有关部门制定防洪抗旱减灾政策提供依据，为公众全面系统了解水旱灾情提供便利，提高社会防洪抗旱减灾的能力，从而提高防洪抗旱减灾的社会效益和经济效益。目标3：以"中华人民共和国水利部"的名义发布《中国水旱灾害防御公报2022》，内容包括：①综述；②年度防洪；③干旱防御；④山洪灾害防御；⑤基础工作和干旱灾害历年统计表。目标4：宣传减灾成效，促进防汛抗旱减灾机制完善健全。	

48

续表

序号	单位代码	单位名称	所属一级项目	所属二级项目	项目内容	上年度已安排经费/万元	上年规模的120%/万元	本年度拟申请经费/万元	新增经费需求/万元	主要绩效目标及产出指标	备注
(1)	(2)	(3)	(4)	(6)	(5)	(7)	(8)=(7)×120%	(9)	(10)=(9)-(7)	(11)	(12)
2	××	××	水资源管理	水资源监管	结合取水许可管理以及取水口核查登记工作,选择重点取用水户,分析其2023年度取水量、用水计划执行情况等存在的问题,为提高取用水户的监控数据质量,加强水资源监管的技术支撑。①分析重点监控取用水户的季度和年度开展水量分析,对于水计划变化较大的开展水量分析,复核原因包括水执行计划、取水许可的差异,分析计划用水执行情况、国控数据系统数据,包括水执行计划、国控数据系统数据等存在的问题;②对比不同区域、不同行业重点监控取用水量的合理性和可靠性;③基于多数据源、调查直报数据等开展对比分析,评估数据质量及存在的问题,为2023年度水资源监管工作提供技术支撑	47.10	56.52	80.00	32.90	目标:完成2023年度重点监控取用水户取水量、用水计划执行情况等综合分析,评估数据质量并总结存在的问题;提出2023年度跨省江河流域的实际取用水量统计方法、名录清单和年度数据成果	
...											

注:1.《项目建议》通过院部分综合办公平台填报。
2.标注颜色部分填报项目绩效指标。
3.产出指标参考《水利部重点项算项目预算绩效共性指标体系框架(2021版)》。

附件 4

项目支出绩效目标申报表

项目名称	xxxx	实施单位	中国水利水电科学研究院本级		
主管部门及代码	[126]水利部	项目期	xxxx		
项目属性	延续项目				
项目资金/万元	中期资金总额：		年度资金总额：		
	其中：财政拨款 xxxx		其中：财政拨款 xxxx		
	其他资金 xxxx		其他资金 xxxx		

总体目标	中期绩效目标（2023—2025年）	年度绩效目标
	目标1：提高防汛抗旱信息服务水平，强化政府信息公开服务职能。目标2：向公众提供具有权威性、可信性和系统性的水旱灾害及防御信息。为有关部门制定防洪抗旱减灾政策提供支撑，为有关单位研究和使用提供资料，为公众全面系统了解水旱灾情提供便利，提高全社会防洪抗旱减灾意识和应对水旱灾害的能力，从而提高全社会防洪抗旱减灾的社会效益和经济效益。目标3：以"中华人民共和国水利部"的名义发行、网络发布《中国水旱灾害防御公报》。目标4：宣传各级政府防汛抗旱减灾成效，促进防灾减灾机制完善健全。	目标1：提高防汛抗旱信息服务水平，强化政府信息公开服务职能。目标2：向公众提供具有权威性、可信性和系统性的水旱灾害及防御信息。为有关部门制定防洪抗旱减灾政策提供支撑，为有关单位研究和使用提供资料，为公众全面了解水旱灾情提供便利，提高全社会防洪抗旱减灾的社会效益和经济效益。目标3：以"中华人民共和国水利部"的名义发布《中国水旱灾害防御公报2021》，内容包括：①年度洪涝灾害防御；②年度洪涝灾害防御；③干旱灾害防御；④山洪灾害防御；⑤基础工作；⑥洪涝灾害历年统计表和干旱灾害历年统计表。目标4：宣传各级政府防汛抗旱减灾成效，促进防灾减灾机制完善健全。

绩效指标	一级指标	二级指标	三级指标	指标值	一级指标	二级指标	三级指标	指标值	分值权重(90%)
	产出指标	数量指标	发布年度《中国水旱灾害防御公报》	每年1本，500册	产出指标	数量指标	发布20xx年《中国水旱灾害防御公报》	1本，500册	7.5%
			《中国水旱灾害防御公报》的编制、咨询、征求意见、审查	各阶段报告1套			《中国水旱灾害防御公报》的编制、咨询、征求意见、审查	各阶段报告1套	7.5%

续表

一级指标	二级指标	三级指标	指标值	分值权重（90%）
产出指标	数量指标	编制并持续完善调研实施方案及调研报告	1 份	7.5%
		是否全面反映年度水旱灾情及防灾减灾情况	积累2006—2021年水旱灾害资料	7.5%
	质量指标	《中国水旱灾害防御公报》通过专家组验收率（××%）	100	5.0%
		《中国水旱灾害防御公报》编辑出版、内部版发行、网络版本以及网上发布	符合规范标准	5.0%
	时效指标-项目按时完成率	9月底前完成《中国水旱灾害防御公报》编辑出版、发行（内部刊物）	是	5.0%
		10月底前网上发布《中国水旱灾害防御公报》时间	是	5.0%
效益指标	经济效益指标	为有关部门制定防洪抗旱减灾政策提供支撑并产生间接效益	效果显著	15.0%
	生态效益指标	提高全社会防洪抗旱减灾意识和应对水旱灾害的能力，从而提高防洪抗旱减灾的生态效益	效果显著	15.0%
满意度指标	服务对象满意度指标	通过分管部长审批，通过专家审查率（≥××%）	90	10.0%

备注：标注灰色部分需项目负责人填写；其他部分由财资处统一填写。

第 4 部分

项目绩效执行监控

第 1 节
项目绩效执行监控工作流程图

第 1 节　项目绩效执行监控工作流程图

1. 发布通知

1.1　工作内容：财资处根据水利部工作要求，发布《绩效执行监控工作通知》及《项目支出绩效目标执行监控表》。

1.2　工作材料：《绩效执行监控工作通知》《项目支出绩效执行监控表》

1.3　时间要求：每年 8 月中旬

1.4　经办人员：财资处预算统计科　××
　　　　　　　68786207/6607　　cwysk@iwhr.com

2. 分析填报

2.1　工作内容：各所（中心）组织项目负责人收集绩效监控信息、分析绩效偏离原因、对全年绩效目标完成情况进行预计，并对预计年底不能完成目标的原因及拟采取的改进措施做出说明。

　　项目负责人填写《项目支出绩效执行监控表》。各所（中心）汇总审核后报送财资处。

2.2　工作材料：《项目支出绩效执行监控表》

2.3　时间要求：工作通知发布后一周内

2.4　经办人员：财资处预算统计科　××
　　　　　　　68786207/6607　　cwysk@iwhr.com

附件 5《项目支出绩效执行监控表》

3. 审核上报

3.1　工作内容：财资处、科研计划处对《项目支出绩效执行监控表》进行审核，并将审核结果反馈项目负责人修改。

　　财资处、科研计划处总结绩效监控工作开展情况，分析经验教训、提出下一步改进措施，形成《院绩效监控报告》及《项目支出绩效执行监控表》并行文报水利部财务司。

3.2　工作材料：《院绩效监控报告》《项目支出绩效执行监控表》

3.3　时间要求：水利部要求时限内

3.4　经办人员：财资处预算统计科　　××
　　　　　　　　68786207　　cwysk@iwhr.com
　　　　　　　科研计划处科研管理科　　××
　　　　　　　　68785857　　liaolisha@iwhr.com

第 2 节
项目绩效执行监控工作要求

第 2 节
项目绩效执行监控工作要求

绩效执行监控是对预算资金的绩效目标实现程度、项目实施进度、资金支出进度等情况进行阶段性跟踪管理和监督检查，及时纠正偏离绩效目标情况的管理活动，是全过程预算绩效管理的重要环节。相关工作要求如下。

一、监控范围

所有当年批复的财政项目。

二、监控内容

一是绩效目标完成情况，预计产出、效果和满意度的实现进度与趋势。

二是预算资金执行情况，包括预算资金拨付情况、预算执行单位实际支出情况以及预计结转结余情况。

三是重点政策和重大项目绩效延伸监控。

三、相关要求

1. 时间要求：每年 8 月中旬开展对当年项目 1 月—7 月的绩效完成情况开展监控分析。

2. 材料要求：项目负责人需填写并报送《项目支出绩效执行监控表》（以下简称《监控表》，详见附件 5）至财资处。如绩效指标完成情况与年初绩效指标批复差异较大，还需对该指标存在问题进行分析，提出下一步改进措施，并对全年完成情况进行预测。

如涉及拆分课题的项目，由各课题负责人将填写好的《监控表》发送至项目汇总人，由项目汇总人审核把关、打捆形成《监控表》报财资处。

四、注意事项

项目执行中，应通过绩效监控信息深入分析预算执行进度慢、绩效水平不高的具体原因，对发现的绩效目标执行偏差和管理漏洞，及时采取分类处置措施予以

第4部分
项目绩效执行监控

纠正：

1. 对于因政策变化、突发事件等客观因素导致预算执行进度缓慢或预计无法实现绩效目标的，项目负责人应本着实事求是的原则，及时按年中预算调剂程序申请调减预算，并同步调整绩效目标。

2. 对于绩效监控中发现严重问题的，项目负责人应暂停项目实施，及时纠偏止损。

第 3 节

《项目支出绩效执行监控表》填报说明

第 3 节 《项目支出绩效执行监控表》填报说明

一、基础信息

1. 项目名称、主管部门及代码、实施单位、年初预算数、1月—7月执行数、1月—7月执行率统一由财资处填写。

2. 各项目需根据实际情况填写年度资金总额、财政拨款和其他资金的全年预计执行数。例如，预计全年资金可全部花完，则全年预计执行数应与年初预算数相等。

二、绩效完成情况

1. 年度总体目标、一级指标、二级指标、三级指标、年度指标值等信息由财资处统一提供。

2. 1月—7月执行数和全年预计执行数：各项目需根据实际情况填写。

3. 偏差原因分析：如全年预计执行数与年度指标值偏差较大（远超于年度指标值或未完成年度指标值），偏差原因分析在对应原因表格里面打√，同时在原因说明表格里要详细描述偏差原因。

4. 完成目标可能性：有下拉框可以选择，分为确定能、有可能、完全不可能，对于完成目标可能性不是"确定能"的，要在备注中写清楚原因以及采取的措施。

5. 如项目预计无法完成年度指标值则需单独提交原因说明，对未达目标的绩效指标逐条分析并提出改进措施。

第4部分 项目绩效执行监控

附件 5

项目支出绩效执行监控表（示例）
（20XX年度）

项目名称				水利部 [126]		实施单位			XXX			
主管部门及代码												
项目资金/万元				年度资金总额：		年初预算数			1月—7月执行数		1月—7月执行率	全年预计执行数
						XXX			XXX		XXX	XXX
				其中：财政拨款		XXX			XXX		XXX	XXX
				上年结转资金		XXX			XXX		XXX	XXX
				其他资金		XXX			XXX		XXX	XXX
年度总体目标	目标1：提出适宜我国的引调水工程生态影响评价指标体系，对典型引调水工程生态影响进行评估。 目标2：供需形势分析及总量平衡技术支撑工作。 目标3：绘制水网拓扑结构图，提出基于"四横两纵"水网联合优化配置方案。											
绩效指标	一级指标	二级指标	三级指标	年度指标值	1月—7月执行数	全年预计执行数	偏差原因分析					完成目标可能性	备注
							经费保障	制度保障	人员保障	硬件条件保障	其他	原因说明		
	产出指标	数量指标	"四横两纵"水网拓扑结构图（XXX套）	1	1	1							确定能	
	产出指标	数量指标	典型引调水工程生态评价数量（XX份）	1	1	1							确定能	

第3节 《项目支出绩效执行监控表》填报说明

续表

一级指标	二级指标	三级指标	年度指标值	1月—7月执行数	全年预计执行数	偏差原因分析					完成目标可能性	备注
						经费保障	制度保障	人员保障	硬件条件保障	其他	原因说明		
绩效指标	产出指标	数量指标	调研次数(≥XX次)	2	1	2							确定能	
	产出指标	数量指标	水资源供需形势分析技术大纲(XX套)	1	1	1							确定能	
	产出指标	数量指标	项目成果报告(含调研报告、研究报告、检查报告、月度报告、评估或评价报告、工作总结报告、分析报告、专题年度报告等)数量(XX份)	3	2	2					✓	该指标需进行专家评审,由于受情原因,评审会无法在当年召开	有可能	评审会的相关材料已准备,待评审会完毕后可完成该指标
	产出指标	质量指标	成果报告验收通过率(≥XX%)	100	项目持续推进中,年底可完成相关指标	100							确定能	
	产出指标	时效指标	项目按时完成率(≥XX%)	100	项目持续推进中,年底可完成相关指标	100							确定能	

第4部分 项目绩效执行监控

续表

绩效指标	一级指标	二级指标	三级指标	年度指标值	1月—7月执行数	全年预计执行数	偏差原因分析					完成目标可能性	备注
^	^	^	^	^	^	^	经费保障	制度保障	人员保障	硬件条件保障	其他	原因说明	^	^
	效益指标	经济效益指标	支撑引调水规划论证	显著	项目持续推进中,年底可完成相关指标	显著							确定能	
	效益指标	社会效益指标	为科学调水提供依据	显著	项目持续推进中,年底可完成相关指标	显著							确定能	
	效益指标	社会效益指标	为水利行业可持续发展提供保障	显著	项目持续推进中,年底可完成相关指标	显著							确定能	
	满意度指标	服务对象满意度指标	业务主管部门或相关部门满意度(≥××%)	90	项目持续推进中,年底可完成相关指标	90							确定能	

填报说明:
1. 标注颜色部分由项目负责人填写;其他内容由财务处统一提供,相关内容不得修改。
2. 偏差原因分析在对应原因说明表格里面打√,同时在原因说明表格里要详细描述偏差原因。
3. 完成目标可能性有下拉框可以选择,分为确定能、有可能、完全不可能。
4. 对于完成目标可能性不是"确定能"的,要在备注中写清楚原因以及采取的措施。

第5部分

项目绩效自评价

第 1 节
项目绩效自评价工作流程图

第 1 节 项目绩效自评价工作流程图

1. 发布通知

1.1 工作内容：财资处根据水利部工作要求，发布《绩效自评价工作通知》及《项目支出绩效自评表》。

1.2 工作材料：《绩效自评价工作通知》《项目支出绩效自评表》

1.3 时间要求：每年 2 月—3 月

1.4 经办人员：财资处预算统计科　××
　　　　　　68786207/6607　　cwysk@iwhr.com

2. 分析填报

2.1 工作内容：各所（中心）组织项目负责人对照批复的绩效目标、指标，以绩效完成情况为重点收集绩效佐证材料。

项目负责人在收集上述绩效佐证材料的基础上，对偏差原因进行分析，研究提出整改措施。

项目负责人在分析绩效自评信息的基础上，填报《项目支出绩效自评表》，经各所（中心）审核后与绩效佐证材料一并报送财资处。

2.2 工作材料：《项目支出绩效自评表》

2.3 时间要求：工作通知发布后一周内

2.4 经办人员：财资处预算统计科　××
　　　　　　68786207/6607　　cwysk@iwhr.com

附件 6《项目支出绩效自评表》

3. 审核上报

3.1 工作内容：财资处、科研计划处根据绩效佐证材料审核《项目支出绩效自评表》，并将审核结果反馈项目负责人修改。

财资处、科研计划处总结绩效自评工作开展情况，分析经验教训、提出下一步改进措施，形成《院绩效自评价报告》，经院审核后与《项目支出绩效自评表》一并报水利部财务司。

3.2 工作材料：《院绩效自评价报告》《项目支出绩效自评表》

3.3 时间要求：水利部要求时限内

3.4 经办人员：财资处预算统计科　　××
　　　　　　　68786207　　cwysk@iwhr.com
　　　　　　　科研计划处科研管理科　　××
　　　　　　　68785857　　liaolisha@iwhr.com

第 2 节
项目绩效自评价工作要求

第 2 节 项目绩效自评价工作要求

项目绩效自评价是对以项目为单元的预算资金开展绩效目标、绩效指标完成情况及预算执行情况的自我评价。相关工作要求如下。

一、评价范围

财资处发布绩效自评价项目清单。

二、评价内容

在收集、分析相关绩效信息，整理佐证材料基础上，对上年度所有项目支出，对照绩效指标填报年度实际完成值。同时，对未完成绩效目标及指标逐条分析说明原因，研究提出改进措施。

三、相关要求

1. 时间要求：每年 2 月—3 月开展绩效自评价。
2. 分值权重：项目绩效自评价绩效指标的分值权重由项目负责人依据指标的重要程度在申报阶段已设置，设立后原则上不得调整。
3. 计分方法：绩效自评的得分评定方法分为两类。一是定量指标。完成指标值的，记该指标赋满分；未完成的，按照完成值与指标值的比例记分。二是定性指标。根据指标完成情况分为三档：达成年度指标、部分达成年度指标并具有一定效果、未达成年度指标且效果较差，分别按照该指标对应分值区间 100%~80%（含80%）、80%~50%（含50%）、50%~0% 合理确定分值。各项指标得分加总计算出该项目绩效自评的总分。
4. 材料要求：《项目支出绩效自评表》（详见附件6）。涉及拆分课题的项目，由各课题负责人将填写好的《项目支出绩效自评表》发送至项目汇总人，由项目汇总人审核把关、打捆形成《项目支出绩效自评表》报财资处。

第 3 节
《项目支出绩效自评表》填报说明

一、基础信息

基础信息由财资处统一提供。

二、绩效完成情况

1. 年度总体目标：各项目需根据实际情况填写年度总体目标实际完成情况，应与预期目标相对应，不得简单复制粘贴预期目标或工作内容。

2. 绩效指标：各项目需根据实际情况填写绩效指标实际完成值，并根据完成情况自行打分。应确保统计口径与年初设置的口径保持一致，避免出现偏差过大的情况。

3. 偏差原因分析及改进措施：如全年完成数与年度指标值偏差超过 10% 的，需在偏差原因分析及改进措施中详细描述偏差原因及下一步整改措施。

附件 6

项目支出绩效自评表
(20XX 年度)

项目名称				××××			
主管部门	水利部		实施单位		中国水利水电科学研究院本级		
项目资金/万元		年初预算数	全年预算数	全年执行数	分值	执行率	得分
	年度资金总额：	××××	××××	××××	10	××××	××××
	其中：财政拨款	××××	××××	××××	10	××××	××××
	上年结转资金	××××	××××	××××	—	—	—
	其他资金	××××	××××	××××	—	—	—
年度总体目标	预期目标				实际完成情况		
	目标1：对建立的数据库收集、存储和发布系统进行了完善。 目标2：新增发布数据至少2个国家或地区的土壤侵蚀、径流、泥沙数据库				对建立的数据库收集、存储和发布系统进行了完善；新增数据涉及美国、巴西、加拿大等34个国家和地区		
绩效指标	一级指标	二级指标	三级指标	年度指标值	实际完成值	分值	得分
	产出指标	数量指标	年度增加数据信息类别(××类)	3	3	5	5
		数量指标	新增发布江河泥沙相关数据条数(≥××条)	500	650	10	10
			偏差原因分析及改进措施				

续表

一级指标	二级指标	三级指标	年度指标值	实际完成值	分值	得分	偏差原因分析及改进措施
绩效指标	产出指标	数量指标	新增发布水土保持监测、监督治理、以及相关研究成果数据条数（≥××条）	100	187	10	10	
		数量指标	新增发布土壤侵蚀相关数据条数（≥××条）	500	619	10	10	
		质量指标	新增发布国家所搜集的数据	标注数据源	标注数据源	5	5	
		时效指标	年度数据收集完成日期	2021年6月底前	2021年6月20日	10	10	
		时效指标	数据库目录发布日期	2021年12月底前	2021年10月31日	10	10	
	效益指标	社会效益指标	数据是否公开	是	是	10	10	
		生态效益指标	通过数据公布提高公众的环境保护意识	较显著	较显著	10	6	受疫情影响，线下宣传活动较少，影响了效益发挥
	满意度指标	服务对象满意度指标	数据使用人员用户满意度（网站统计）（≥××%）	90	91.67	10	10	
总分					100	96	

填报说明：
1. 标注颜色部分需由各项目填写，其他内容由财资处统一提供。
2. 实际完成值的填写要求与前面的年度指标值的填写口径、单位保持一致，年度指标值为数字、百分比、文字，实际完成值对应填写数字、百分比、文字。
3. 得分根据完成情况自行给分。
4. 扣分项在后面填写未完成原因（执行率低于70%的都需要说明原因）。

第 6 部分

试点项目绩效评价

第 1 节
试点项目绩效评价工作流程图

第1节　试点项目绩效评价工作流程图

1. 发布通知

1.1　工作内容：财资处根据水利部工作要求，发布《试点项目绩效评价工作通知》及相关附件。

1.2　工作材料：《试点项目绩效评价工作通知》《项目绩效评价指标体系及评分标准》（以下简称《评分表》）《评分说明》《试点项目绩效评价报告（模板）》

1.3　时间要求：每年2月—3月

1.4　经办人员：财资处预算统计科　××
　　　　　　　68786207/6607　　cwysk@iwhr.com

2. 开展自评价

2.1　工作内容：项目负责人收集相关绩效佐证材料。

项目负责人根据水利部印发的绩效评价指标体系及打分办法，结合收集的绩效佐证材料，组织开展自评价工作。在自评价的基础上，撰写试点项目绩效评价报告及填报《评分表》报财资处。

2.2　工作材料：《评分表》《试点项目绩效评价报告》

2.3　时间要求：工作通知发布后1个月内

2.4　经办人员：财资处预算统计科　××
　　　　　　　68786207/6607　　cwysk@iwhr.com

附件 7-1　《评分表》
　　　7-2　《评分说明》
　　　7-3　《试点项目绩效评价报告》

第6部分 试点项目绩效评价

3. 审核上报

3.1 工作内容：财资处、科研计划处根据绩效佐证材料对试点项目评价报告开展审核，将审核结果反馈项目负责人修改完善，并经院审核后报水利部财务司。

　　财资处、科研计划处、项目负责人配合水利部做好绩效评价复核工作。

3.2 工作材料：《试点项目绩效评价报告》《评分表》

3.3 时间要求：水利部要求时限内

3.4 经办人员：财资处预算统计科　××
　　　　　　　68786207　　cwysk@iwhr.com
　　　　　　　科研计划处科研管理科　××
　　　　　　　68785857　　liaolisha@iwhr.com

第 2 节

试点项目绩效评价工作要求

第 2 节 试点项目绩效评价工作要求

一、评价范围

根据财资处发布的纳入试点项目绩效评价清单。

二、评价内容

评价主要内容包括：决策情况，资金管理和使用情况，相关管理制度办法的健全性及执行情况，实现的产出情况，取得的效益情况，其他相关内容。

三、相关要求

1. 时间要求：每年 2 月—3 月开展试点项目绩效评价。

2. 打分体系：项目支出绩效评价采用定量与定性评价相结合的比较法，总分由各项指标得分汇总形成。定量、定性指标的得分以及评价结果的评定，应按照《水利部××××年度××××项目绩效评价指标体系及评分标准》（以下简称评分表）、《评分说明》（详见附件 7-1、附件 7-2）执行。

定量指标得分按照以下方法评定：与年初指标值相比，完成指标值的，记该指标所赋全部分值；对完成值高于指标值较多的，要分析原因，如果是由于年初指标值设定明显偏低造成的，要按照偏离度适度调减分值；未完成指标值的，按照完成值与指标值的比例记分。

定性指标得分按照以下方法评定：根据指标完成情况分为达成年度指标、部分达成年度指标并具有一定效果、未达成年度指标且效果较差三档，分别按照该指标对应分值区间 100%~80%（含）、80%~60%（含）、60%~0% 合理确定分值。

3. 材料要求：《试点项目绩效评价报告》（详见附件 7-3）、《评分表》和整理后的佐证材料。涉及拆分课题的项目，由各课题负责人与项目汇总人协商完成相应内容后发送至项目汇总人，由项目汇总人审核把关、打捆形成《试点项目绩效评价报告》《评分表》报财资处。

4. 其他要求：试点项目绩效评价工作除了涉及各项目自评价工作外，还会涉及第三方机构现场复核与财政部专家抽查复核，各项目负责人需配合财资处完成相关佐证工作。

第 3 节

《试点项目绩效评价报告》《评分表》填报及佐证材料说明

第 3 节 《试点项目绩效评价报告》《评分表》填报及佐证材料说明

一、《评分表》

1. 项目绩效评价指标体系共分四部分，分别为决策部分、过程部分、产出部分、效益部分，对应分值分别为 20 分、20 分、30 分、30 分。

2. 在进行项目绩效评价时，各项目可根据项目的实际情况，对三级指标选择使用，分值有变化的，在保证上一级指标总分值不变的情况下，根据重要性原则自行调整赋分。产出、效益两部分三级指标均需根据上级批复的绩效目标表内容相应调整指标内容；调整后的指标分值根据重要性原则由各单位在保证二级指标分值不变的基础上自行赋分。

3. 计划指标值及实际完成值：各项目需根据批复填写产出部分、效益部分的计划指标值，根据佐证材料填写实际完成值。

4. 得分：各项目根据调整后的指标分值结合实际完成情况进行赋分，最后总得分满分 100 分，由决策、过程、产出和效益四部分得分汇总得出。

5. 其他详见《评分说明》。

二、试点项目绩效评价报告

具体要求详见《试点项目绩效评价报告（模板）》。

三、佐证材料

提供的佐证材料需与打分表中的实际完成数口径一致。尤其是数量指标，例如论文发表数量打分表中为 4 篇，则佐证材料中应有相应的证明；效益指标建议提供相应的文件，没有数量限制；满意度指标建议以调查问卷或应用证明等方式提供。项目绩效评价佐证材料准备清单如下：

1. 项目单位职责职能文件（由财资处统一提供）。

2. 与项目业务有关的中长期规划。

3. 项目立项申请材料，如：项目申报书、项目可行性研究报告、立项评审报告、实施方案。

4. 上级主管部门关于项目立项及绩效目标预算批复文件（由财资处统一提供）。

5.项目成果资料及验收资料。

6.项目管理方面的资料,如:项目管理办法、项目实施过程中与业务相关的请示、汇报、批示、会议纪要等材料。

7.反映项目产出的证明资料,包括反映产出数量、质量、时效和成本等情况的证明资料,如:有关专业机构的认定证明、项目施工或完工实景图片、发表论文及获得专利文件、采购设备入库记录、获奖或获得表彰文件等。

8.反映项目产出效益的证明资料,如:反映项目实施效果的有关经济、业务数据、服务对象满意度证明材料、项目实施效益与历史数据对比、成本合理性分析等。

9.其他能反映项目绩效的资料等。

附件 7-1

水利部XXXX年度XXXX项目绩效评价指标体系及评分标准（以水土保持业务费项目为例）

一级指标	分值	二级指标	分值	三级指标	分值	指标解释和评价要点	计划指标值	实际完成值	评价标准	得分	备注
决策	20	项目立项	10	立项依据充分性	5	指标解释：项目立项是否符合法律法规、相关政策、发展规划、部门职责以及中央、国务院重大决策部署，用以反映项目立项依据情况。 评价要点： ①项目立项是否符合国家法律法规、国民经济发展规划、行业发展规划以及相关政策要求； ②项目立项是否符合党中央、国务院重大决策部署； ③项目立项是否部门职责范围相符，属于部门履职所需； ④项目事权是否属于公共财政支持范围，是否符合中央事权支出责任划分原则； ⑤项目是否与相关部门同类项目或部门内部相关项目重复	—	—	评价要点①～④标准分各1分：符合评价要点要求的，得[0.8～1]分；较符合评价要点要求的，得[0.6～0.8)分；不够符合评价要点要求的，得[0～0.6)分。 评价要点⑤标准分1分：项目与相关部门同类项目或部门内部相关项目重复无交叉重叠，得1分；项目与相关部门同类项目或部门内部相关项目重复存在交叉重叠，得0分	×××	
				立项程序规范性	5	指标解释：项目申请、设立过程是否符合相关要求，用以反映项目立项的规范情况。 评价要点： ①项目是否按照规定的程序申请设立； ②审批文件材料是否符合相关要求； ③事前是否经过必要的可行性研究、专家论证、风险评估、绩效评估、集体决策	—	—	评价要点①～②标准分各1分：符合评价要点要求的，得[0.8～1]分；较符合评价要点要求的，得[0.6～0.8)分；不够符合评价要点要求的，得[0～0.6)分。 评价要点③标准分3分：事前必要程序规范，得[2.4～3]分；事前必要程序较规范，得[1.8～2.4)分；事前必要程序不够规范，得[0～1.8)分	×××	

第6部分 试点项目绩效评价

续表

一级指标	分值	二级指标	分值	三级指标	分值	指标解释和评价要点	计划指标值	实际完成值	评价标准	得分	备注
决策	20	绩效目标	5	绩效目标合理性	3	指标解释：项目所设定的绩效目标是否依据充分，是否符合客观实际，用以反映和考核项目绩效目标与项目实施的相符情况。 评价要点： ①项目是否有绩效目标； ②项目绩效目标与实际工作内容是否具有相关性； ③项目预期产出和效果是否符合正常的业绩水平； ④是否与部门履职和社会发展需要相匹配	—	—	评价要点①为否定性要点，无否定项扣分，但项目立项时未设定绩效目标或考核项目的其他评价要点，无需关注其他评价要点，本条指标不得分。 符合评价要点②~④标准分各1分： 符合评价要点要求的，得[0.8~1]分； 较符合评价要点要求的，得[0.6~0.8)分； 不够符合评价要点要求的，得[0~0.6)分	×××	
				绩效指标明确性	2	指标解释：依据绩效目标，标准、细化、可衡量等，用以反映和考核项目绩效目标的明细化情况。 评价要点： ①是否将项目绩效目标细化分解为具体的绩效指标； ②是否通过清晰、可衡量的指标予以体现； ③是否与项目任务数或计划数相对应	—	—	评价要点①标准分1分： 将项目绩效指标细化分解为具体的绩效指标，得1分； 未将项目绩效目标细化分解为具体的绩效指标，得0分。 符合评价要点②③标准分共1分： 符合评价要点要求的，得[0.8~1]分； 较符合评价要点要求的，得[0.6~0.8)分； 不够符合评价要点要求的，得[0~0.6)分	×××	
		资金投入	5	预算编制科学性	3	指标解释：项目预算编制是否经过科学论证，有明确标准，资金额度与考核项目年度目标是否相适应，用以反映核项目预算编制的科学性、合理性情况。 评价要点： ①预算编制是否经过科学论证； ②预算内容与考核内容是否匹配； ③预算额度测算依据是否充分，是否按照标准编制； ④预算确定的项目投资额或资金量是否与工作任务相匹配	—	—	评价要点①~④共计3分，根据评价要点总体赋分： 符合评价要点要求的，得[2.4~3]分； 较符合评价要点要求的，得[1.8~2.4)分； 不够符合评价要点要求的，得[0~1.8)分	×××	

100

续表

一级指标	分值	二级指标	分值	三级指标	分值	指标解释和评价要点	计划指标值	实际完成值	评价标准	得分	备注
决策	20	资金投入	5	资金分配合理性	2	指标解释：项目预算资金分配是否有测算依据，与项目单位实际是否相适应，用以反映和考核项目预算分配的科学性、合理性情况。评价要点：①预算资金分配依据是否充分；②资金分配额度是否合理，是否按照相关资金管理办法分配，与项目单位实际是否相适应	—	—	评价要点①②标准各分1分：符合评价要点要求的，得[0.8~1]分；较符合评价要点要求的，得[0.6~0.8)分；不够符合评价要点要求的，得[0~0.6)分	×××	
过程	20	资金管理	10	资金到位率	2	指标解释：实际到位资金与预算资金的比率，用以反映和考核资金落实情况对项目实施的总体保障程度。资金到位率=（实际到位资金/预算资金）×100%。实际到位资金：一定时期（本年度或项目期）内落实到具体项目的资金。预算安排到具体项目的资金。评价要点：资金到位是否足额	—	—	得分=资金到位率×2分，超过2分的按2分计	×××	
				预算执行率	4	指标解释：项目预算资金是否按照计划执行，用以反映或考核项目预算执行情况。预算执行率=（实际支出资金/实际到位资金）×100%。实际支出资金：一定时期（本年度或项目期）内项目实际拨付的资金。评价要点：截至实施周期期末资金实际支出比例情况	—	—	1.预算执行率≥60%，得分=预算执行率×4分，超过4分的按4分计；2.预算执行率<60%，不得分	×××	

第6部分 试点项目绩效评价

续表

一级指标	分值	二级指标	分值	三级指标	分值	指标解释和评价要点	计划指标值	实际完成值	评价标准	得分	备注
过程	20	资金管理	10	资金使用合规性	4	指标解释：项目资金使用是否符合相关的财务和业务管理制度规定，用以反映项目资金的规范运行情况。 评价要点： ①是否符合国家财经法规和财务管理办法的规定； ②资金的拨付是否有完整的审批程序和手续； ③是否符合项目预算批复或合同规定的用途； ④是否存在截留、挤占、挪用、虚列支出等情况	—	—	评价要点①～④标准分共4分，每出现1个与评价要点不符合的问题扣1分，扣完为止	×××	
		组织实施	10	管理制度健全性	5	指标解释：项目实施单位的财务和业务管理制度是否健全，用以反映财务和业务管理制度对项目顺利实施的保障情况。 评价要点： ①是否已制定或具有相应的财务和业务管理制度； ②财务和业务管理制度是否合法、合规、完整	—	—	评价要点①标准或实施单位制定有相应的财务和业务管理制度，得[1.6~2]分；项目具备财务或业务管理制度其中一种，得[1.2~1.6]分；不具备财务和业务管理制度，得[0~1.2]分。 评价要点②标准分3分：符合评价要点要求的，得[2.4~3]分；较符合评价要点要求的，得[1.8~2.4]分；不够符合评价要点要求的，得[0~1.8]分	×××	
				制度执行有效性	5	指标解释：项目实施是否符合相关管理规定，用以反映相关管理制度的有效执行情况。 评价要点： ①是否遵守相关法律法规和相关管理规定； ②项目调整支出及调整手续是否完备； ③项目合同书、验收报告、技术鉴定等资料是否齐全并及时归档； ④项目实施的人员、场地设备、信息支撑等是否落实到位	—	—	评价要点①～④标准分各1分： 符合评价要点要求的，得[1.6~2]分；较符合评价要点要求的，得[1.2~1.6]分；不够符合评价要点要求的，得[0~1.2]分。 ②～④标准分： 符合评价要点要求的，得[0.8~1]分；较符合评价要点要求的，得[0.6~0.8]分；不够符合评价要点要求的，得[0~0.6]分。 以上评价标准对于发现的同一问题不重复扣分	×××	

第3节 《试点项目绩效评价报告》《评分表》填报及佐证材料说明

续表

一级指标	分值	二级指标	分值	三级指标	分值	指标解释和评价要点	计划指标值	实际完成值	评价标准	得分	备注
产出	30	产出数量	18	扰动图斑解译和判别的国土面积	3	指标解释：项目各项产出的实际完成率即项目实施的实际产出数与计划产出数和考核项目产出数量目标比率，用以反映本项目产出的实现程度。实际完成率=实际产出数/计划产出数）×100%。实际产出数：项目实施周期（本年度或项目期）内项目实际产出的产品或提供的服务数量。计划产出数：项目绩效目期（本年度或项目期）内计划产出的产品或提供的服务数量。评价要点：项目实施周期内各项产出完成情况	×××	×××	得分=实际完成率×3分，超过3分的按3分计	×××	
				建立扰动图斑遥感解译标志数量	2		×××	×××	得分=实际完成率×2分，超过2分的按2分计	×××	
				编制中国水土保持公报	2		×××	×××	得分=实际完成率×2分，超过2分的按2分计	×××	
				部管在建生产建设项目现场监督检查率	2		×××	×××	得分=实际完成率×2分，超过2分的按2分计	×××	
				国家水土保持重点工程治理县督查检查数量	2		×××	×××	得分=实际完成率×2分，超过2分的按2分计	×××	
				计划监测区域工作范围	2		×××	×××	得分=实际完成率×2分，超过2分的按2分计	×××	
				暗访督查淤地坝数量	2		×××	×××	得分=实际完成率×2分，超过2分的按2分计	×××	
				高效水土保持植物资源示范面积	1		×××	×××	得分=实际完成率×1分，超过1分的按1分计	×××	
				计划监测区域完成率	1		×××	×××	得分=实际完成率×1分，超过1分的按1分计	×××	
				现场核实工程一坝一单数量	1		×××	×××	得分=实际完成率×1分，超过1分的按1分计	×××	

103

第6部分 试点项目绩效评价

续表

一级指标	分值	二级指标	分值	三级指标	分值	指标解释和评价要点	计划指标值	实际完成值	评价标准	得分	备注
产出	30	产出质量	4	部管在建生产建设项目监督检查意见出具率	1	指标解释：用以反映和考核项目产出质量目标的实现程度。评价要点：对照实际批复的绩效目标，对项目质量达标情况进行评价	×××	×××	1.达到既定标准，[0.8~1]分；2.未达到既定标准，[0.6~0.8)分，偏差5%以内；3.未达到既定标准，[0~0.6)分，偏差5%以上	×××	
				高效水土保持植物资源配置示范应用率	1		×××	×××	1.达到既定标准，[0.8~1]分；2.未达到既定标准，[0.6~0.8)分，偏差5%以内；3.未达到既定标准，[0~0.6)分，偏差5%以上	×××	
				监测成果整编入库率	2		×××	×××	1.达到既定标准，[1.6~2]分；2.未达到既定标准，[1.2~1.6)分，偏差5%以内；3.未达到既定标准，[0~1.2)分，偏差5%以上	×××	
		产出时效	6	编制完成中国水土保持公报时间节点	2		×××	×××	1.完成及时，[1.6~2]分；2.完成较及时，[1.2~1.6)分；3.完成不及时，[0~1.2)分	×××	
				全国水土保持规划实施情况报告完成时间	1	指标解释：项目实际完成时间与计划完成时间的比较，用以反映项目产出时效目标的实现程度。实际完成时间：项目实施单位完成该项目实际所耗用的时间。计划完成时间：按照项目实施计划或相关规定完成该项目所需的时间	×××	×××	1.完成及时，[0.8~1]分；2.完成较及时，[0.6~0.8)分；3.完成不及时，[0~0.6)分	×××	
				督查单位报送国家水土保持重点工程监督检查报告、问题清单及整改要求	1	评价要点：项目是否按计划进度完成各阶段工作任务	×××	×××	1.完成及时，[0.8~1]分；2.完成较及时，[0.6~0.8)分；3.完成不及时，[0~0.6)分	×××	

第3节 《试点项目绩效评价报告》《评分表》填报及佐证材料说明

续表

一级指标	分值	二级指标	分值	三级指标	分值	指标解释和评价要点	计划指标值	实际完成值	评价标准	得分	备注
产出	30	产出时效	6	督查单位报送淤地坝暗访督查报告、问题清单及整改要求	1	指标解释：项目实际完成时间与计划完成时间的比较，用以反映项目产出时效目标的实现程度。 评价要点：项目实施单位完成该项目实际所耗用的时间	×××	×××	1. 达到既定标准，[0.8~1]分； 2. 未达到既定标准，偏差5%以内，[0.6~0.8)分； 3. 未达到既定标准，偏差5%以上，[0~0.6)分	×××	
				全国水土流失年度消长情况复核结果完成率	1	指标解释：按照项目实施计划或相关规定完成项目所需的时间。 评价要点：项目是否按计划进度完成各阶段工作任务	×××	×××	1. 达到既定标准，[0.8~1]分； 2. 未达到既定标准，偏差5%以内，[0.6~0.8)分； 3. 未达到既定标准，偏差5%以上，[0~0.6)分	×××	
		产出成本	2	成本节约情况	2	指标解释：完成项目计划工作目标是否采取了有效的成本节约措施。 评价要点：项目成本节约情况	×××	×××	1. 成本节约情况良好，得[1.6~2]分； 2. 成本节约情况较好，得[1.2~1.6)分； 3. 成本节约情况较差，得[0~1.2)分	×××	
效益	30	项目效益	30	中国水土保持公报是否公开	10	指标解释：项目实施所产生的社会效益、经济效益、生态效益、可持续影响等。 评价要点：评价项目实施效益的显著程度	×××	×××	1. 中国水土保持公报公开，得10分； 2. 中国水土保持公报未公开，得0分	×××	
				年度新增扰动图斑底图完成率	10		×××	×××	1. 达到既定标准，[8~10]分； 2. 未达到既定标准，偏差5%以内，[6~8)分； 3. 未达到既定标准，偏差5%以上，[0~6)分	×××	
				管理对象满意度	5	指标解释：管理对象和培训人员对项目实施效果的满意程度。一般采取社会调查或访谈等方式。 评价要点：评价管理对象和培训人员对项目实施的满意程度	×××	×××	1. 满意度≥90%，5分； 2. 90%>满意度≥60%，得分=满意度/90%×5分； 3. 满意度<60%，不得分	×××	
				培训人员满意度	5		×××	×××	1. 满意度≥90%，5分； 2. 90%>满意度≥60%，得分=满意度/90%×5分； 3. 满意度<60%，不得分	×××	
得分合计										×××	

105

第6部分 试点项目绩效评价

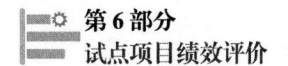

附件 7-2

评分说明
（以水土保持业务费项目为例）

本项目绩效评价按照《关于全面实施预算绩效管理的意见》（中发〔2018〕34号）和《项目支出绩效评价管理办法》（财预〔2020〕10号）要求，绩效评价专家以财政部和水利部批复的项目绩效目标表、项目实施方案等文件为基础，对项目的决策、过程、产出和效益做出评价，对项目绩效评价指标逐项进行打分，并提出综合评价意见。绩效评价专家组工作人员应及时对打分情况进行统计，取平均值作为各项指标的绩效评价得分。指标得分与项目绩效评价等级的定级转换关系如下表所示。

等级	分值范围
优	90（含）～100分
良	80（含）～90分
中	60（含）～80分
差	60分以下

第3节 《试点项目绩效评价报告》《评分表》填报及佐证材料说明

第一部分 总体说明

为了进一步提高本项目绩效评价的针对性和可操作性，我们在遵循财政部绩效评价指标总体框架体系的前提下，结合该项目的特点，对部分指标进行了细化，并明确了每个细化指标的评分标准。以下对指标体系及评分标准进行说明。

一、指标选用及分值调整

项目绩效评价指标体系共分四部分，分别为决策部分、过程部分、产出部分、效益部分，对应分值分别为20分、20分、30分、30分。在进行项目绩效评价时，各单位可根据自身情况、项目的实际情况，对三级指标选择使用，分值有变化的，在保证上一级指标总分值不变的情况下，根据重要性原则自行调整赋分。产出、效益两部分三级指标均需根据上级批复的绩效目标表内容相应调整指标内容；调整后的指标分值根据重要性原则由各单位在保证二级指标分值不变的基础上自行赋分。

二、评分区间

分档分区间打分的指标，打分区间第一档为固定值，除第一档外，均为含下限不含上限。如满分2分的指标，第二档打分区间为"[1.2~1.6）分"，即打分可以为1.2~1.6的任意数值，但是打分不能是1.6分。

分值涉及调整的，分档打分参考打分区间如下（第二档、第三档均不含上限）：

指标分值	第一档	第二档	第三档
1	0.8~1	0.6~0.8	0~0.6
2	1.6~2	1.2~1.6	0~1.2
3	2.4~3	1.8~2.4	0~1.8
4	3.2~4	2.4~3.2	0~2.4

续表

指标分值	第一档	第二档	第三档
5	4~5	3~4	0~3
6	4.8~6	3.6~4.8	0~3.6
7	5.6~7	4.2~5.6	0~4.2
8	6.4~8	4.8~6.4	0~4.8
9	7.2~9	5.4~7.2	0~5.4
10	8~10	6~8	0~6
11	8.8~11	6.6~8.8	0~6.6
12	9.6~12	7.2~9.6	0~7.2
13	10.4~13	7.8~10.4	0~7.8
14	11.2~14	8.4~11.2	0~8.4
15	12~15	9~12	0~9

三、产出及效益指标未完成的例外情况

1.由于指标内容及指标值设置不合理导致的未完成情况，如果工作正常完成，不影响项目整体目标实现，不涉及预算金额的调整，可由项目单位出具说明，专家可减少产出及效益部分的扣分（酌情打分）。但是在决策部分的三级指标"绩效目标合理性"中适当扣分。

2.如遇不可抗力或其他合理原因导致的指标未完成，理由充分且项目单位采取了有效的应对措施，可由项目单位出具说明，专家减少扣分或酌情打分。

第二部分　明　细　指　标　说　明

一、决策部分（一级指标，20分）

（一）项目立项（二级指标，10分）

1.立项依据充分性（三级指标，5分）

"立项依据充分性"指标重点考核项目立项是否符合法律法规、相关政策、发展规划、部门职责以及党中央、国务院重大决策部署，用以反映和考核项目立项依据情况。

评价要点：①项目立项是否符合国家法律法规、国民经济发展规划、行业发展规划以及相关政策要求；②项目立项是否符合党中央、国务院重大决策部署；③项目立项是否与部门职责范围相符，属于部门履职所需；④项目是否属于公共财政支持范围，是否符合中央事权支出责任划分原则；⑤项目是否与相关部门同类项目或部门内部相关项目重复。

评价标准：评价要点①～④标准分各1分，符合评价要点要求的得[0.8～1]分；较符合评价要点要求的得[0.6～0.8)分；不够符合评价要点要求的得[0～0.6)分。评价要点⑤标准分1分，项目与相关部门同类项目或部门内部相关项目重复无交叉重叠得1分；项目与相关部门同类项目或部门内部相关项目重复存在交叉重叠得0分。

2. 立项程序规范性（三级指标，5分）

"立项程序规范性"指标重点考核项目申请、设立过程是否符合相关要求，用以反映和考核项目立项的规范情况。

评价要点：①项目是否按照规定的程序申请设立；②审批文件、材料是否符合相关要求；③事前是否已经过必要的可行性研究、专家论证、风险评估、绩效评估、集体决策。

评价标准：评价要点①～②标准分各1分，符合评价要点要求的得[0.8～1]分；较符合评价要点要求的得[0.6～0.8)分；不够符合评价要点要求的，得[0～0.6)分。评价要点③标准分3分，事前必要程序规范得[2.4～3]分；事前必要程序较规范得[1.8～2.4)分；事前必要程序不够规范得[0～1.8)分。

（二）绩效目标（二级指标，5分）

1. 绩效目标合理性（三级指标，3分）

"绩效目标合理性"指标重点考核项目所设定的绩效目标是否依据充分，是否符合客观实际，用以反映和考核项目绩效目标与项目实施的相符情况。

评价要点：①项目是否有绩效目标；②项目绩效目标与实际工作内容是否具有相关性；③项目预期产出和效果是否符合正常的业绩水平；④是否与部门履职和社会发展需要相匹配。

评价标准：评价要点①为否定性要点，无标准分，但项目立项时未设定绩效目标或可考核的其他工作任务目标，无需关注其他评价要点，本条指标不得分。评价要点②～④标准分各1分，符合评价要点要求的得[0.8～1]分；较符合评价要点要求的得[0.6~0.8)分；不够符合评价要点要求的得[0~0.6)分。

2. 绩效指标明确性（三级指标，2分）

"绩效指标明确性"指标重点考核依据绩效目标设定的绩效指标是否清晰、细化、可衡量等，用以反映和考核项目绩效目标的明细化情况。

评价要点：①是否将项目绩效目标细化分解为具体的绩效指标；②是否通过清晰、可衡量的指标值予以体现；③是否与项目目标任务数或计划数相对应。

评价标准：评价要点①标准分1分，将项目绩效目标细化分解为具体的绩效指标得1分；未将项目绩效目标细化分解为具体的绩效指标得0分。评价要点②③标准分共1分，符合评价要点要求的得[0.8~1]分；较符合评价要点要求的得[0.6~0.8)分；不够符合评价要点要求的得[0~0.6)分。

（三）资金投入（二级指标，5分）

1. 预算编制科学性（三级指标，3分）

"预算编制科学性"指标重点考核项目预算编制是否经过科学论证、有明确标准，资金额度与年度目标是否相适应，用以反映和考核项目预算编制的科学性、合理性情况。

评价要点：①预算编制是否经过科学论证；②预算内容与项目内容是否匹配；③预算额度测算依据是否充分，是否按照标准编制；④预算确定的项目投资额或资金量是否与工作任务相匹配。

评价标准：评价要点①~④共计3分，根据评价要点总体赋分，符合评价要点要求的得[2.4~3]分；较符合评价要点要求的得[1.8~2.4)分；不够符合评价要点要求的得[0~1.8)分。

2. 资金分配合理性（三级指标，2分）

"资金分配合理性"指标重点考核项目预算资金分配是否有测算依据，与项目单位实际是否相适应，用以反映和考核项目预算资金分配的科学性、合理性情况。

评价要点：①预算资金分配依据是否充分；②资金分配额度是否合理，是否按照相关资金管理办法分配，与项目单位实际是否相适应。

评价标准：评价要点①②标准分各1分：符合评价要点要求的得[0.8~1]分；较符合评价要点要求的得[0.6~0.8)分；不够符合评价要点要求的得[0~0.6)分。

二、过程部分（一级指标，20分）

（一）资金管理（二级指标，10分）

1. 资金到位率（三级指标，2分）

"资金到位率"指标重点考核实际到位资金与预算资金的比率，用以反映和考核资金落实情况对项目实施的总体保障程度。资金到位率＝（实际到位资金/预算资金）×100%。实际到位资金：一定时期（本年度或项目期）内落实到具体项目的资金。预算资金：一定时期（本年度或项目期）内预算安排到具体项目的资金。

评价要点：资金到位是否足额。

评价标准：得分＝资金到位率×2分，超过2分的按2分计。

2. 预算执行率（三级指标，4分）

"预算执行率"指标重点考核项目预算资金是否按照计划执行，用以反映或考核项目预算执行情况。预算执行率＝（实际支出资金/实际到位资金）×100%。实际支出资金：一定时期（本年度或项目期）内项目实际拨付的资金。

评价要点：截至实施周期末资金实际支出比例情况。

评价标准：预算执行率≥60%，得分＝预算执行率×4分，超过4分的按4分计；预算执行率＜60%，不得分。

3. 资金使用合规性（三级指标，4分）

"资金使用合规性"指标重点考核项目资金使用是否符合相关的财务管理制度规定，用以反映和考核项目资金的规范运行情况。

评价要点：①是否符合国家财经法规和财务管理制度以及有关专项资金管理办法的规定；②资金的拨付是否有完整的审批程序和手续；③是否符合项目预算批复或合同规定的用途；④是否存在截留、挤占、挪用、虚列支出等情况。

评价标准：评价要点①～④标准分共4分，每出现1个与评价要点要求不符合的问题扣1分，扣完为止。

（二）组织实施（二级指标，10分）

1. 管理制度健全性（三级指标，5分）

"管理制度健全性"指标重点考核项目实施单位的财务和业务管理制度是否健全，用以反映和考核财务和业务管理制度对项目顺利实施的保障情况。

评价要点：①是否已制定或具有相应的财务和业务管理制度；②财务和业务管

理制度是否合法、合规、完整。

评价标准：评价要点①标准分2分，项目实施单位制定或具有相应的财务和业务管理制度得[1.6~2]分；若具备财务或业务管理制度其中一种得[1.2~1.6）分；不具备财务和业务管理制度得[0~1.2）分。评价要点②标准分3分，符合评价要点要求的得[2.4~3]分；较符合评价要点要求的得[1.8~2.4）分；不够符合评价要点要求的得[0~1.8）分。

2. 制度执行有效性（三级指标，5分）

"制度执行有效性"指标重点考核项目实施是否符合相关管理规定，用以反映和考核相关管理制度的有效执行情况。

评价要点：①是否遵守相关法律法规和相关管理规定；②项目调整及支出调整手续是否完备；③项目合同书、验收报告、技术鉴定等资料是否齐全并及时归档；④项目实施的人员条件、场地设备、信息支撑等是否落实到位。

评价标准：评价要点①标准分2分，符合评价要点要求的得[1.6~2]分；较符合评价要点要求的得[1.2~1.6）分；不够符合评价要点要求的得[0~1.2）分。②~④标准分各1分，符合评价要点要求的得[0.8~1]分；较符合评价要点要求的得[0.6~0.8）分；不够符合评价要点要求的得[0~0.6）分。以上评价标准对于发现的同一问题不重复扣分。

三、产出部分（一级指标，30分）

（一）产出数量（二级指标，18分）

"产出数量"指标包括10项三级指标："暗访督查淤地坝数量""编制中国水土保持公报""部管在建生产建设项目现场监督检查率""高效水土保持植物资源示范面积""国家水土保持重点工程治理县监督检查数量""计划监测区域工作范围""计划监测区域完成率""建立扰动图斑遥感解译标志数量""扰动图斑解译和判别的国土面积""现场核实工程一坝一单数量"。

"产出数量"指标重点考核项目各项产出的实际完成率即项目实施的实际产出数与计划产出数的比率，用以反映和考核项目产出数量目标的实现程度。实际完成率=（实际产出数/计划产出数）×100%。实际产出数：一定时期（本年度或项目期）内项目实际产出的产品或提供的服务数量。计划产出数：项目绩效目标确定的在一定时期（本年度或项目期）内计划产出的产品或提供的服务数量。

评价要点：项目实施周期内各项产出完成情况。

评价标准："扰动图斑解译和判别的国土面积"指标标准分为 3 分。得分＝实际完成率×3 分，超过 3 分的按 3 分计。

"高效水土保持植物资源示范面积""现场核实工程一坝一单数量""计划监测区域完成率"指标标准分均为 1 分。得分＝实际完成率×1 分，超过 1 分的按 1 分计。

其余指标标准分均为 2 分。得分＝实际完成率×2 分，超过 2 分的按 2 分计。

（二）产出质量（二级指标，4 分）

"产出质量"指标包括 3 项三级指标："部管在建生产建设项目监督检查意见出具率""高效水土保持植物资源配置示范成活率""监测成果整编入库率"。

"产出质量"指标重点考核用以反映和考核项目产出质量目标的实现程度。

评价要点：对照实际批复的绩效目标，对项目质量达标情况进行评价。

评价标准："部管在建生产建设项目监督检查意见出具率""高效水土保持植物资源配置示范成活率"指标标准分均为 1 分。达到既定标准，[0.8~1]分；未达到既定标准，偏差 5% 以内，[0.6~0.8]分；未达到既定标准，偏差 5% 以上，[0~0.6)分。"监测成果整编入库率"指标标准分为 2 分。达到既定标准，[1.6~2]分；未达到既定标准，偏差 5% 以内，[1.2~1.6)分；未达到既定标准，偏差 5% 以上，[0~1.2)分。

（三）产出时效（二级指标，6 分）

"产出时效"指标包括 5 项三级指标："编制完成中国水土保持公报时间节点""全国水土流失年度消长情况复核结果完成率""督查单位报送国家水土保持重点工程监督检查报告、问题清单及整改要求""督查单位报送淤地坝暗访督查报告、问题清单及整改要求""全国水土保持规划实施情况报告完成时间"。

"产出时效"指标重点考核项目实际完成时间与计划完成时间的比较，用以反映和考核项目产出时效目标的实现程度。实际完成时间：项目实施单位完成该项目实际所耗用的时间。计划完成时间：按照项目实施计划或相关规定完成该项目所需的时间。

评价要点：项目是否按计划进度完成各阶段工作任务。

评价标准："编制完成中国水土保持公报时间节点"指标标准分为 2 分。完成及时，[1.6~2]分；完成较及时，[1.2~1.6)分；完成不及时，[0~1.2)分。

"督查单位报送国家水土保持重点工程监督检查报告、问题清单及整改要

第6部分
试点项目绩效评价

求""督查单位报送淤地坝暗访督查报告、问题清单及整改要求""全国水土保持规划实施情况报告完成时间"指标标准分均为1分。完成及时，[0.8~1]分；完成较及时，[0.6~0.8)分；完成不及时，[0~0.6)分。

"全国水土流失年度消长情况复核结果完成率"指标标准分为1分。达到既定标准，[0.8~1]分；未达到既定标准，偏差5%以内，[0.6~0.8)分；未达到既定标准，偏差5%以上，[0~0.6)分。

（四）产出成本（二级指标，2分）

"产出成本"指标包括1项三级指标："成本节约情况"。

"产出成本"指标重点考核完成项目计划工作目标是否采取了有效的成本节约措施节约成本。

评价要点：项目成本节约情况。

评价标准：成本节约情况良好得[1.6~2]分；成本节约情况较好得[1.2~1.6)分；成本节约情况较差得[0~1.2)分。

四、效益部分（一级指标，30分）

"效益"指标包括1项二级指标："项目效益"，下设4项三级指标："中国水土保持公报是否公开""年度新增扰动图斑底图完成率""管理对象满意度""培训人员满意度"。前2项指标重点考核项目实施所产生的社会效益、经济效益、生态效益、可持续影响等。最后2项指标重点考核管理对象和培训人员对项目实施效果的满意程度。一般采取社会调查或访谈等方式。

评价要点：前2项指标评价项目实施效益的显著程度；后2项指标评价管理对象和培训人员对项目实施的满意程度。

评价标准："中国水土保持公报是否公开"指标标准分10分。中国水土保持公报公开，得10分；中国水土保持公报未公开，得0分。

"年度新增扰动图斑底图完成率"指标标准分10分。达到既定标准，[8~10]分；未达到既定标准，偏差5%以内，[6~8)分；未达到既定标准，偏差5%以上，[0~6)分。

"管理对象满意度""培训人员满意度"指标标准分均为5分。满意度≥90%，5分；90%＞满意度≥60%，得分=满意度/90%×5分；满意度＜60%，不得分。

附表：水利部2021年度水土保持业务项目绩效评价指标体系及评分标准。

附件 7-3

中国水利水电科学研究院

20×× 年度项目支出绩效评价报告

项目名称：×××××（项目名称）

上报材料

二〇二二年××月

第6部分
试点项目绩效评价

目 录

一、基本情况
- （一）项目概况
  - 1. 项目背景
  - 2. 主要内容
  - 3. 实施情况
  - 4. 资金投入及使用情况
- （二）项目绩效目标
  - 1. 总体目标
  - 2. 阶段性目标

二、绩效评价工作开展情况
- （一）绩效评价目的、对象和范围
  - 1. 评价目的
  - 2. 评价对象和范围
- （二）绩效评价原则、评价指标体系、评价方法、评价标准
  - 1. 绩效评价原则
  - 2. 评价指标体系
  - 3. 评价方法
  - 4. 评价标准
- （三）绩效评价工作过程
  - 1. 前期准备
  - 2. 组织实施
  - 3. 分析评价

三、综合评价情况及评价结论

四、绩效评价指标分析
- （一）项目决策情况
  - 1. 项目立项
  - 2. 绩效目标

  3. 资金投入 ....

（二）项目过程情况 ....

  1. 资金管理 ....

  2. 组织实施 ....

（三）项目产出情况 ....

  1. 产出数量 ....

  2. 产出质量 ....

  3. 产出时效 ....

（四）项目效益情况 ....

  1. 项目效益 ....

  2. 满意度 ....

五、主要经验做法、存在的问题及原因分析 ....

（一）主要经验及做法 ....

（二）存在的问题及原因分析 ....

  1. 存在的问题 ....

  2. 原因分析 ....

六、有关建议 ....

七、其他需要说明的问题 ....

第6部分 试点项目绩效评价

一、基本情况（字体：仿宋_GB2312，三号）

（一）项目概况

1. 项目背景

××××××××。

2. 主要内容

××××××××。

3. 实施情况

××××××××。

4. 资金投入及使用情况

20××年项目经费××万元，实际拨付××万元，截至20××年年底，项目实际支出××万元，支付进度100%。

（二）项目绩效目标

1. 总体目标

项目总体目标包括：

（1）××××××××。

（2）××××××××。

项目总体目标为"二上"申报阶段中期目标，需参考财资处反馈的"二上"文本填写。

2. 阶段性目标

项目阶段性目标包括：

（1）××××××××。

（2）××××××××。

项目阶段性目标为"二下"批复年度目标，需参考财资处反馈的二下批复填写。

二、绩效评价工作开展情况（字体：仿宋_GB2312，三号）

（一）绩效评价目的、对象和范围

1. 评价目的

在深入贯彻落实党的十九大提出的"全面实施绩效管理"和党中央、国务院加快建成全方位、全过程、全覆盖预算绩效管理体系的要求的基础上，按照水利部党组关于加强水利预算绩效管理的总体部署及《水利部部门预算绩效管理暂行办法》有关要求，通过此次评价，进一步强化项目预算绩效管理链条，构筑安全防线，切实将绩效管理与项目执行充分融合，真正实现"花钱必问效、无效必问责"，推动项目预算绩效管理不断提质增效。

2. 评价对象和范围

本次绩效评价对象和范围为20××年×××××（项目名称）项目。

（二）绩效评价原则、评价指标体系、评价方法、评价标准

1. 绩效评价原则

根据《项目支出绩效评价管理办法》《水利部财务司关于开展20××年度部门试点项目和单位整体支出绩效评价工作的通知》要求，结合本项目实际情况，在绩效评价工作过程中遵循如下原则：

一是坚持科学严谨原则。本次绩效评价工作严格执行相关文件精神中规定的程序，按绩效评价工作方案的具体要求，统一工作步骤，采用定量与定性分析相结合的方法，做到了评价过程科学、严谨。

二是坚持公正公开原则。绩效评价工作依据项目绩效评价体系、评分标准、评分说明，由项目组打分，业务专家复核，做到了全过程透明公开，并接受水利部预算执行中心和项目单位的监督。评价工作和结果符合公正公开的要求。

三是坚持绩效相关原则。将项目主要工作内容和产出情况纳入评价范围，评价结果能够清晰地反映项目支出和产出绩效之间的紧密对应关系。绩效评价工作中重点核对可量化指标的实际完成情况，结合财务支出资料，核对并分析对应经费支出的合理性、真实性。

2. 评价指标体系

根据《财政部关于印发项目支出绩效评价管理办法》《水利部重点二级项目预算绩效共性指标体系框架》，按照《20××年水利部绩效评价指标体系及评分说明》开展评价工作。

3. 评价方法

绩效评价主要采用比较评价法。通过对项目的绩效目标与实施效果、项目实际支出与产生效益对比分析，综合分析绩效目标实现程度。

第6部分 试点项目绩效评价

4. 评价标准

绩效评价标准，主要依据《水利部20××年度水土保持业务项目绩效评价指标体系及评分标准》和《水利部20××年度水土保持业务项目绩效评价评分说明》，根据项目实际情况，对评价表中产出、效益两部分三级指标根据水利部批复的绩效目标表内容作相应调整进行评价。按照要求，三级指标分值是在保证上一级指标总分值不变的情况下，根据重要性原则进行了赋分。

水利部20XX年度XX项目绩效评价指标体系及评分标准（结合项目绩效表）

一级指标	分值	二级指标	分值	三级指标	分值	指标解释和评价要点	评价标准
决策	20	项目立项	10	立项依据充分性	5	指标解释：项目立项是否符合法律法规、相关政策、发展规划、部门职责以及党中央、国务院重大决策部署，用以反映和考核项目立项依据情况。 评价要点： ①项目立项是否符合国家法律法规、国民经济发展规划、行业发展规划以及相关政策要求； ②项目立项是否符合党中央、国务院重大决策部署； ③项目立项是否与部门职责范围相符，属于部门履职所需； ④项目是否属于公共财政支持范围，是否符合中央事权支出责任划分原则； ⑤项目是否与相关部门同类项目或部门内部相关项目重复	评价要点①~④标准分各1分： 符合评价要点要求的，得[0.8~1]分； 较符合评价要点要求的，得[0.6~0.8)分； 不够符合评价要点要求的，得[0~0.6)分。 评价要点⑤标准分1分： 项目与相关部门同类项目或部门内部相关项目重复无交叉重叠，得1分； 项目与相关部门同类项目或部门内部相关项目重复存在交叉重叠，得0分
				立项程序规范性	5	指标解释：项目申请、设立过程是否符合相关要求，用以反映和考核项目立项的规范情况。 评价要点： ①项目是否按照规定的程序申请设立； ②审批文件、材料是否符合相关要求； ③事前是否已经过必要的可行性研究、专家论证、风险评估、绩效评估、集体决策	评价要点①~②标准分各1分： 符合评价要点要求的，得[0.8~1]分； 较符合评价要点要求的，得[0.6~0.8)分； 不够符合评价要点要求的，得[0~0.6)分。 评价要点③标准分3分： 事前必要程序规范，得[2.4~3]分； 事前必要程序较规范，得[1.8~2.4)分； 事前必要程序不够规范，得[0~1.8)分

第3节 《试点项目绩效评价报告》《评分表》填报及佐证材料说明

续表

一级指标	分值	二级指标	分值	三级指标	分值	指标解释和评价要点	评价标准
决策	20	绩效目标	5	绩效目标合理性	3	指标解释：项目所设定的绩效目标是否依据充分，是否符合客观实际，用以反映和考核项目绩效目标与项目实施的相符情况。 评价要点： ①项目是否有绩效目标； ②项目绩效目标与实际工作内容是否具有相关性； ③项目预期产出和效果是否符合正常的业绩水平； ④是否与部门履职和社会发展需要相匹配	评价要点①为否定性要点，无标准分，但项目立项时未设定绩效目标或可考核的其他工作任务目标，无需关注其他评价要点，本条指标不得分。 评价要点②～④标准分各 1 分： 符合评价要点要求的，得[0.8~1]分； 较符合评价要点要求的，得[0.6~0.8)分； 不够符合评价要点要求的，得[0~0.6)分
				绩效指标明确性	2	指标解释：依据绩效目标设定的绩效指标是否清晰、细化、可衡量等，用以反映和考核项目绩效目标的明细化情况。 评价要点： ①是否将项目绩效目标细化分解为具体的绩效指标； ②是否通过清晰、可衡量的指标值予以体现； ③是否与项目目标任务数或计划数相对应	评价要点①标准分 1 分： 将项目绩效目标细化分解为具体的绩效指标，得 1 分； 未将项目绩效目标细化分解为具体的绩效指标，得 0 分。 评价要点②③标准分共 1 分： 符合评价要点要求的，得[0.8~1]分； 较符合评价要点要求的，得[0.6~0.8)分； 不够符合评价要点要求的，得[0~0.6)分
		资金投入	5	预算编制科学性	3	指标解释：项目预算编制是否经过科学论证、有明确标准，资金额度与年度目标是否相适应，用以反映和考核项目预算编制的科学性、合理性情况。 评价要点： ①预算编制是否经过科学论证； ②预算内容与项目内容是否匹配； ③预算额度测算依据是否充分，是否按照标准编制； ④预算确定的项目投资额或资金量是否与工作任务相匹配	评价要点①～④共计 3 分，根据评价要点总体赋分： 符合评价要点要求的，得[2.4~3]分； 较符合评价要点要求的，得[1.8~2.4)分； 不够符合评价要点要求的，得[0~1.8)分
				资金分配合理性	2	指标解释：项目预算资金分配是否有测算依据，与项目单位实际是否相适应，用以反映和考核项目预算资金分配的科学性、合理性情况。 评价要点： ①预算资金分配依据是否充分； ②资金分配额度是否合理，是否按照相关资金管理办法分配，与项目单位实际是否相适应	评价要点①②标准分各 1 分： 符合评价要点要求的，得[0.8~1]分； 较符合评价要点要求的，得[0.6~0.8)分；不够符合评价要点要求的，得[0~0.6)分

121

续表

一级指标	分值	二级指标	分值	三级指标	分值	指标解释和评价要点	评价标准
过程	20	资金管理	10	资金到位率	2	指标解释：实际到位资金与预算资金的比率，用以反映和考核资金落实情况对项目实施的总体保障程度。 资金到位率＝（实际到位资金／预算资金）×100%。 实际到位资金：一定时期（本年度或项目期）内落实到具体项目的资金。 预算资金：一定时期（本年度或项目期）内预算安排到具体项目的资金。 评价要点：资金到位是否足额	得分＝资金到位率×2分，超过2分按照2分计
				预算执行率	4	指标解释：项目预算资金是否按照计划执行，用以反映或考核项目预算执行情况。预算执行率＝（实际支出资金／实际到位资金）×100%。实际支出资金：一定时期内项目实际拨付的资金 评价要点：截至实施周期末资金实际支出比例情况	1. 预算执行率≥60%，得分＝预算执行率×4分，超过4分的按4分计。 2. 预算执行率＜60%，不得分
				资金使用合规性	4	指标解释：项目资金使用是否符合相关的财务管理制度规定，用以反映和考核项目资金的规范运行情况。 评价要点： ①是否符合国家财经法规和财务管理制度以及有关专项资金管理办法的规定； ②资金的拨付是否有完整的审批程序和手续； ③是否符合项目预算批复或合同规定的用途； ④是否存在截留、挤占、挪用、虚列支出等情况	评价要点①～④标准分共4分，每出现1个与评价要点要求不符的问题扣1分，扣完为止
		组织实施	10	管理制度健全性	5	指标解释：项目实施单位的财务和业务管理制度是否健全，用以反映和考核财务和业务管理制度对项目顺利实施的保障情况。 评价要点： ①是否已制定或具有相应的财务和业务管理制度； ②财务和业务管理制度是否合法、合规、完整	评价要点①标准分2分： 项目实施单位制定或具有相应的财务和业务管理制度，得[1.6～2]分； 若具备财务或业务管理制度其中一种，得[1.2～1.6]分； 不具备财务和业务管理制度，得[0～1.2]分。 评价要点②标准分3分： 符合评价要点要求的，得[2.4～3]分； 较符合评价要点要求的，得[1.8～2.4）分； 不够符合评价要点要求的，得[0～1.8）分

第3节 《试点项目绩效评价报告》《评分表》填报及佐证材料说明

续表

一级指标	分值	二级指标	分值	三级指标	分值	指标解释和评价要点	评价标准
过程	20	组织实施	10	制度执行有效性	5	指标解释：项目实施是否符合相关管理规定，用以反映和考核相关管理制度的有效执行情况。 评价要点： ①是否遵守相关法律法规和相关管理规定； ②项目调整及支出调整手续是否完备； ③项目合同书、验收报告、技术鉴定等资料是否齐全并及时归档； ④项目实施的人员条件、场地设备、信息支撑等是否落实到位	评价要点①标准分2分： 符合评价要点要求的，得[1.6~2]分； 较符合评价要点要求的，得[1.2~1.6）分；不够符合评价要点要求的，得[0~1.2）分。 ②～④标准分各1分： 符合评价要点要求的，得[0.8~1]分； 较符合评价要点要求的，得[0.6~0.8）分；不够符合评价要点要求的，得[0~0.6）分 以上评价标准对于发现的同一问题不重复扣分
产出	30	产出数量	23	年度增加数据信息类别	2	指标解释：项目各项产出的实际完成率即项目实施的实际产出数与计划产出数的比率，用以反映和考核项目产出数量目标的实现程度。 实际完成率=（实际产出数/计划产出数）×100%。 实际产出数：一定时期（本年度或项目期）内项目实际产出的产品或提供的服务数量。 计划产出数：项目绩效目标确定的在一定时期（本年度或项目期）内计划产出的产品或提供的服务数量。 评价要点：项目实施周期内各项产出完成情况	得分=实际完成率×2分，超过2分的按2分计
				新增发布江河泥沙相关数据条数	7		得分=实际完成率×7分，超过7分的按7分计
				新增发布土壤侵蚀相关数据条数	7		得分=实际完成率×7分，超过7分的按7分计
				新增发布水土保持预测、监督、治理，以及相关研究成果等数据条数	7		得分=实际完成率×7分，超过7分的按7分计

第6部分
试点项目绩效评价

续表

一级指标	分值	二级指标	分值	三级指标	分值	指标解释和评价要点	评价标准
产出	30	产出质量	3	新增发布国家搜集的数据	3	指标解释：反映和考核项目产出质量目标的实现程度。 评价要点：对照实际批复的绩效目标，对项目质量达标情况进行评价	1. 达到既定标准，[2.4~3]分； 2. 未达到既定标准，偏差5%以内，[1.8~2.4)分； 3. 未达到既定标准，偏差5%以上，[0~1.8)分
		产出时效	4	年度数据收集完成日期	2	指标解释：项目实际完成时间与计划完成时间的比较，用以反映和考核项目产出时效目标的实现程度。 实际完成时间：项目实施单位完成该项目实际所耗时间。 计划完成时间：按照项目实施计划或相关规定完成该项目所需的时间。 评价要点：项目是否按计划进度完成各阶段工作任务	1. 完成及时，[1.6~2]分； 2. 完成较及时，[1.2~1.6)分； 3. 完成不及时，[0~1.2)分
				数据库目录发布日期	2		1. 完成及时，[1.6~2]分； 2. 完成较及时，[1.2~1.6)分； 3. 完成不及时，[0~1.2)分
效益	30	项目效益	30	数据是否公开	10		1. 数据在网站公开，得10分； 2. 数据未在网站公开，得0分
				通过数据公布，提高公众的环境保护意识	10	指标解释：项目实施所产生的社会效益、经济效益、生态效益、可持续影响等。 评价要点：评价项目实施效益的显著程度	1. 达到既定标准，[8~10]分； 2. 未达到既定标准，偏差5%以内，[6~8)分； 3. 未达到既定标准，偏差5%以上，[0~6)分
				数据使用人员用户满意率（网站统计）	10	指标解释：管理对象和培训人员对项目实施效果的满意程度。一般采取社会调查或访谈等方式。 评价要点：评价管理对象和培训人员对项目实施的满意程度	1. 满意度≥90%，10分； 2. 90%>满意度≥60%，得分=满意度/90%×10分； 3. 满意度<60%，不得分

备注：在进行项目绩效评价时，项目组根据自身情况、项目的实际情况，对上表产出、效益两部分三级指标根据上级批复的绩效目标表内容作了相应调整，三级指标分值在保证上一级指标总分值不变的情况下，根据重要性原则自行调整赋分。

（三）绩效评价工作过程

项目组认真贯彻落实党的十九大报告关于"建立全面规范透明、标准科学、约束有力的预算制度，全面实施绩效管理"及《中共中央国务院关于全面实施预算绩效管理的意见》精神，按照水利部财务司《关于开展20××年度部门试点项目和单位整体支出绩效评价工作的通知》要求，组织开展了以下工作。

1.前期准备

根据水利部财务司的工作安排，召开了项目组会议，项目负责人及相关人员共同学习了绩效评价的相关文件、政策，明确本次评价工作具体要求。

2.组织实施

项目组收集整理绩效评价相关材料、评价打分、填写项目绩效报告（表）；聘请业务专家审核把关，认真复核打分及相关佐证材料。指标得分与项目绩效评价等级的定级为：优[90分（含）～100分]；良[80分（含）～90分]；中[60分（含）～80分]；差（60分以下）。

3.分析评价

根据项目最终得分情况，分析原因，研究提出改进措施，同时进一步总结经验，进一步提高和完成项目预算绩效管理水平。最后对此次绩效评价工作进行梳理和总结，形成绩效评价报告。

三、综合评价情况及评价结论（字体：仿宋_GB2312，三号）

该项目立项合规，绩效目标明确、量化，资金预算分配合理，能按照项目文本要求和批复的绩效目标组织实施，措施得力。承担单位责任分工明确，各项管理制度较为健全，资金使用规范有效。项目完成了预期的绩效目标，绩效综合评价得分为××分，等级为优。项目决策分值为××分，评价得分××分；项目过程分值为××分，评价得分××分；项目产出分值为××分，评价得分××分；项目效益分值为××分，评价得分××分。

项目绩效评价打分表请见附表。

四、绩效评价指标分析（字体：仿宋_GB2312，三号）

（一）项目决策情况

1.项目立项（分值10分，自评××分）

（1）立项依据充分性

分值5分，自评××分。项目立项符合党中央、国务院重大决策部署；与部门职责范围相符，属于部门履职所需，属于公共财政支持范围，符合中央事权支出责任划分原则；该项目的工作内容与相关部门同类项目或部门内部相关项目不重复。

（2）立项程序规范性

分值5分，自评××分。项目按照规定的程序申请设立；审批文件、材料符合相关要求。

2.绩效目标（分值5分，自评××分）

（1）绩效目标合理性

分值3分，自评××分。项目有绩效目标，且目标明确；项目绩效目标的制定紧密结合工作实际；项目制定绩效目标根据本单位正常业绩水平制定，预期产出和效益合理，与部门履职和社会发展需要相匹配。

（2）绩效指标明确性

分值2分，自评××分。项目绩效目标细化分解为产出指标、效益指标和满意度指标等三类，产出指标细化为数量指标、质量指标、时效性指标。效益指标细化为社会效益指标和生态效益指标。满意度指标为服务对象满意度指标。绩效目标设定的绩效指标清晰、细化、可衡量，与项目目标任务数或计划数相对应用。

3.资金投入（分值5分，自评××分）

（1）预算编制科学性

分值3分，自评××分。项目预算编制经过科学论证；预算内容与项目内容较匹配；预算额度测算依据较充分；预算确定的项目投资额与工作任务相匹配。

（2）资金分配合理性

分值2分，自评××分。项目预算资金分配依据充分；资金分配额度按照相关资金管理办法分配，较为合理且与单位实际相适应。

（二）项目过程情况

1.资金管理（分值10分，自评××分）

（1）资金到位率

分值2分，自评××分。20××年度项目财政资金预算××万元，已足额到位。

（2）预算执行率

分值4分，自评4分。20××年度项目财政资金预算××万元，预算执行率达100%。

（3）资金使用合规性

分值4分，自评××分。项目按照国家相关法律法规和中国水科院财务制度执行。资金使用程序规范，项目实施过程中，采取了有效的管理与监督措施控制项目支出，按规定进行项目明细核算，保证项目资金的专款专用，财政资金支付进度达到序时进度要求。资金的拨付有完整的审批程序和手续，符合项目预算批复或合同规定的用途，不存在截留、挤占、挪用、虚列支出等情况。

2.组织实施（分值10分，自评××分）

（1）管理制度健全性

分值5分，自评××分。中国水科院已制定相应的财务和业务管理制度，财务和业务管理制度合法、合规、完整。主要包括《中国水利水电科学研究院科技项目管理办法》《中国水利水电科学研究院差旅费管理办法》《中国水利水电科学研究院会议费管理办法》《中国水利水电科学研究院资金支付和报销管理办法》《中央财政科研项目资金管理办法》《中国水科院公务用车使用及公务交通费报销管理办法（试行）》《中国水科院专家咨询费和劳务费发放管理办法》等；中国水科院财务工作现已纳入质量管理体系范畴，从资金管理、资产管理、会计核算等全过程进行控制；对采购和基础设施管理进行细化，出台如《采购控制程序》《基础设施与工作环境控制程序》等。

（2）制度执行有效性

分值5分，自评××分。项目组遵守相关法律法规和相关管理规定；项目合同书、评审会、咨询会等材料齐全并及时归档；项目实施的人员条件、场地设备、信息支撑等已落实到位。

（三）项目产出情况

1.产出数量（分值××分，自评××分）

分值23分，自评××分。

解释说明××××××××（仿宋_GB2312）

2.产出质量（分值××分，自评××分）

分值××分，自评××分。

解释说明××××××××（仿宋_GB2312）

3.产出时效（分值××分，自评××分）

分值××分，自评××分。项目按实施方案进度要求，及时完成。产出时效符合项目绩效目标。

（四）项目效益情况

1. 项目效益（分值××分，自评××分）

分值××分，自评××分。

解释说明××××××××（仿宋_GB2312）

2. 满意度（分值××分，自评××分）

分值××分，自评××分。

解释说明××××××××（仿宋_GB2312）

五、主要经验做法、存在的问题及原因分析（字体：仿宋_GB2312，三号）

（一）主要经验及做法

一是××××××××（仿宋_GB2312）

二是××××××××（仿宋_GB2312）

（二）存在的问题及原因分析

1. 存在的问题

××××××××（仿宋_GB2312）

2. 原因分析

××××××××（仿宋_GB2312）

六、有关建议（字体：仿宋_GB2312，三号）

××××××××（仿宋_GB2312）

七、其他需要说明的问题（字体：仿宋_GB2312，三号）

××××××××（仿宋_GB2312）

附表：评价机构评分表

注：打分表为单独的 Excel 文件，无须放在 Word 文件中佐证材料需按文件夹单独整理，无须放在 Word 文件中。

第 7 部分

历年发现问题汇总

一、历年审计发现问题汇总

1. 部分任务目标未完成

年初制定的绩效指标未完成、项目资金执行率低于80%、项目年度资金执行率与任务完成情况不匹配等。

上述做法不符合财政部《中央本级项目支出预算管理办法》（财预〔2007〕38号）第二十九条"中央部门应当按照批复的项目支出预算组织项目的实施，并责成项目单位严格执行项目计划和项目支出预算"的规定。

2. 单位自评不准确

项目绩效指标权重设置不合规。如，项目产出指标为70分、效益指标为10分、满意度指标为10分、预算执行率指标为10分，与规定权重不符。

上述做法不符合财政部《项目支出绩效评价管理办法》（财预〔2020〕10号）第十三条"单位自评……原则上预算执行率和一级指标权重统一设置为：预算执行率10%、产出指标50%、效益指标30%、服务对象满意度指标10%……二、三级指标应当根据指标重要程度、项目实施阶段等因素综合确定，准确反映项目的产出和效益"。

3. 绩效目标设定不合理

部分项目缺乏一级指标。部分项目超过50%的指标未量化。部分项目的指标完成值是设定值的2倍以上，目标设定不够合理。

上述做法不符合财政部《中央部门预算绩效目标管理办法》（财预〔2015〕88号）第十条"绩效指标是绩效目标的细化和量化描述，主要包括产出指标、效益指标和满意度指标等"，第十三条"绩效目标……尽量进行定量表述……绩效目标要与计划期内的任务数或计划数相对应，与预算确定的投资额或资金量相匹配"和财政部《项目支出绩效评价管理办法》（财预〔2020〕10号）关于一级指标要包括产出指标、效益指标、满意度指标的规定。应科学合理设定绩效目标，尽量采取定量表述。

4. 绩效指标设置未细化

以上不符合财政部《中央部门预算绩效目标管理办法》（财预〔2015〕88号）第十三条"设定的绩效目标应当符合以下要求……（二）细化量化。绩效目标应当从数量、质量、成本、时效以及经济效益……方面进行细化，尽量进行定量表述。不能以量化形式表述的，可采用定性表述，但应具有可衡量性……"的规定。

第7部分 历年发现问题汇总

5.项目个别绩效指标自评值未量化，未能反映预期成果的完成程度

以上不符合财政部《项目支出绩效评价管理办法》（财预〔2020〕10号）第二十五条"单位自评结果主要通过项目支出绩效自评表的形式反映，做到内容完整、权重合理、数据真实、结果客观"的规定。

二、历年自查发现问题汇总

1.项目总体绩效目标过于冗余繁琐，或简单将项目内容复制粘贴列示。如下所示：

年度目标
目标1：对国家水资源监控能力建设项目（海委部分）建设成果等进行维护；对海委平台与水利部和相关省份平台的互联互通提供技术支持；对国控系统功能进行升级提升，进一步增强系统对取水许可管理等水资源业务工作的支撑；
目标2：通过对漳卫南局水资源监控管理信息平台进行日常维护，对漳卫南运河流域34处重点取水口安装的取水监控设施，2处河口安装的水情自动测报设施，22处视频监控系统（其中15处取水口、2处河口、5处排污口），5处入河排污口监控系统进行维修维护；对岳城水库连测系统服务器及40个测站（含2个中心站）进行维修维护，保证水资源监控平台（软硬件，数据库、网络、安全等）运行正常；
目标3：水资源应用系统运行正常，及时提供水资源信息、业务管理、应急管理和决策支持，为落实三条红线和考核提供技术支撑；
目标4：水资源监控管理平台服务器、交换机等网络设备和机房网络环境运行稳定，通信信道畅通，为信息系统的运行提供平台基础；水资源管理信息系统运行稳定，数据存储安全可靠，数据传输及时准确，资料按时整编；水资源应用系统运行正常，及时提供水资源管理信息，为业务管理、应急管理、落实三条红线和考核提供技术支撑；水资源会商室会议设备稳定运行，为水资源管理决策提供基础支撑；
目标5：对上游局国家水资源监控能力建设信息系统的运行和维护工作起到促进和推动作用，为上游局水资源管理提供良好的技术支持服务，为流域经济发展提供必要的保障。水质实验室和监测仪器的稳定运行以及水质数据的及时准确采集，为实施最严格的水资源管理制度提供技术支撑；服务器、交换机等网络设备和机房网络环境的稳定运行，通信信道畅通，为信息系统的运行提供平台基础，通过对水资源监控平台应用系统进行日常维护，水资源监控平台（软硬件，数据库、网络、安全等）运行正常。

2.项目总体绩效目标与项目内容不契合。示例项目为防汛业务费，但目标1提到了"旱情"。如下所示：

项目绩效目标表	
（2022年度）	
项目名称	防汛业务费
年度总体目标	目标1：密切关注水情旱情发展，及时发出预警作出工作部署； 目标2：组织编制实施重要江河湖泊和重要水工程调度方案，提高水旱灾害防御能力； 目标3：做好水库水电站调度运用监管，保障水库度汛安全； 目标4：做好基础性研究为防汛抢险提供技术支撑； 目标5：检查、指导、支持有关地方和部门做好水旱灾害防御工作。

3.指标值描述不够精炼。示例指标值略显繁琐，可调整为"呈减少趋势"、"稳步推进"、"逐年改善"等。如下所示：

二级指标	三级指标	指标值	分值权重（90分）
经济效益指标	减少水事违法行为及重大水事违法事件带来的经济损失	呈减少趋势，通过河湖督查的方式，促进地方加强水事违法等查处力度，由此减少带来的经济损失	10
社会效益指标	简称水清、岸绿、河畅、景美、人和的健康河湖	稳步推进，通过开展暗访督查，检查河湖长制中水环境治理等任务落实情况，促进健康河湖建设稳步推进	10
生态效益指标	促进河湖生态环境改善	逐年改善，通过开展暗访督查，检查河湖长制中水生态修复等任务落实情况，促进地方逐年改善河湖生态环境	10

4. 项目绩效指标设置过多，不够精炼。部分项目绩效指标设置逾 40 个。如下所示：

水土保持业务			
二级指标	三级指标	指标值	分值权重（90分）
数量指标	不同土壤侵蚀类型区监测点检查个数（个）	6	2
数量指标	不同土壤侵蚀类型区监测点年度计划检查完成率（%）	100	2
数量指标	计划监测区域工作范围占国家级水土流失重点防治区面积比（%）	100	2
数量指标	国家级重点防治区水土流失年际动态变化评价县数量（个）	40	2
数量指标	全国水土流失动态监测报告（份）	1	2
数量指标	国家级重点防治区水土流失年度动态监测成果报告（份）	1	2
数量指标	计划监测区域工作范围（平方米）	475100	2
数量指标	计划监测区域完成率（%）	100	1
数量指标	编制中国水土保持公报（份）	1	2
数量指标	国家级重点防治区水土流失地县数量（个）	40	2
数量指标	全国水土流失专题分析（份）	1	2
数量指标	年度监测成果整编数量（套）	1	2
数量指标	植物资源调研报告（套）	1	2

5. 指标值设置不严谨，须充分预估完成的难易程度，尤其设置 100%、0% 等极限值，以及发现问题个数等类似指标。如下所示：

重大项目管理			
二级指标	三级指标	指标值	分值权重（90分）
生态效益指标	通过现场检查，发现问题，促进流域生态保护	发现问题3个，督促问题整改	6

第7部分 历年发现问题汇总

<table>
<tr><td colspan="4" align="center">骨干网运行维护</td></tr>
<tr><td align="center">二级指标</td><td align="center">三级指标</td><td align="center">指标值</td><td align="center">分值权重（90分）</td></tr>
<tr><td>服务对象满意度指标</td><td>上级单位网信部门对数据共享满意度（%）</td><td align="center">100</td><td align="center">5</td></tr>
<tr><td>服务对象满意度指标</td><td>用户抽样调查满意度（%）</td><td align="center">100</td><td align="center">5</td></tr>
</table>

6.满意度指标实际完成值设置不规范，应为具体数值。如下所示：

三级指标	分值	指标解释和评价要点	计划指标值	实际完成值
社会公众水土保持生态文明意识	10	1.显著提高，10分； 2.较显著提高，5-10分； 3.不明显提高，0-5分。	提高	较显著提高
促进水土流失综合防治	10	1.效益显著，10分； 2.效益较显著，5-10分； 3.效益不够显著，0-5分。	显著	效益较显著
建设单位满意度	5	指标解释：管理对象和培训人员对项目实施效果的满意程度。一般采取社会调查或访谈等方式。	≥90%	≥90%
上级部门满意度	5	评价要点：评价管理对象和培训人员对项目实施的满意程度。	≥90%	≥90%

7.绩效评价中，实际完成值与年初计划值差异偏大。如下所示：

二级指标	三级指标	年度指标值	实际完成值
数量指标	年发表核心期刊及以上论文（≥**篇）	55	82
数量指标	年助学金发放人数（**人）	180	245

8.绩效评价中，部分指标实际完成值与年初计划值完全一致，缺乏合理性。如下所示：

二级指标	三级指标	年度指标值	实际完成值
时效指标	平均系统故障恢复时间	48	48
时效指标	平均系统故障相应时间	12	12

9.中期绩效指标值设定不符合逻辑，如该项目三年均为对水资源信息服务系统、水资源调配决策支持系统、水资源应急系统进行维护，因此中期绩效指标值设定不应为年度指标的3倍关系。如下所示：

项目名称		水资源管理系统运行维护		
主管部门及代码		[126] 水利部	实施单位	中国水利水电科学研究院本级
项目属性		新增项目 / 延续项目	项目期	3 年
项目资金 （万元）	中期资金总额：	88.38	中期资金总额：	29.46
	其中：财政拨款	88.38	其中：财政拨款	29.46
	其他资金		其他资金	

总体目标	中期目标（2020年—2022年）	总体目标	年度目标
	通过对水资源信息服务系统、水资源业务管理系统，水资源调配决策支持系统，水资源应急管理系统以及门户网站的运行进行监控和完善，反映系统资源的可用性情况和健康状况，提高用户体验性，创建一个可知可控的IT环境。		目标1：通过本项目的实施，确保水资源中央信息平台的顺利运行； 目标2：水资源应用系统运行正常，及时提供水资源信息、应急管理和决策支持，为落实三条红线和考核提供技术支撑。

一级指标	二级指标	三级指标	指标值	一级指标	二级指标	三级指标	指标值
产出指标	数量指标	维护应用系统（套）	9	产出指标	数量指标	维护应用系统（套）	3
产出指标	数量指标	维护数据库(个)	15	产出指标	数量指标	维护数据库（个）	5
产出指标	数量指标	维护门户网站（个）	6	产出指标	数量指标	维护门户网站（个）	2

10. 三级指标设置与二级指标内容不相关。如下所示：

二级指标	三级指标	年度指标值
质量指标	完成的调研、咨询意见采纳率（%）	85
质量指标	项目报告提交	12月

11. 绩效指标选取重复。如下所示：

二级指标	三级指标	年度指标值	实际完成值
数量指标	研究报告、调研报告、论证报告等数量	3	6
数量指标	开展调研次数	5	6
数量指标	形成调研报告	5	6

第8部分

制度文件

第1节

中共中央 国务院关于全面实施预算绩效管理的意见

第1节 中共中央 国务院关于全面实施预算绩效管理的意见

中共中央 国务院关于全面实施预算绩效管理的意见

全面实施预算绩效管理是推进国家治理体系和治理能力现代化的内在要求，是深化财税体制改革、建立现代财政制度的重要内容，是优化财政资源配置、提升公共服务质量的关键举措。为解决当前预算绩效管理存在的突出问题，加快建成全方位、全过程、全覆盖的预算绩效管理体系，现提出如下意见。

一、全面实施预算绩效管理的必要性

党的十八大以来，在以习近平同志为核心的党中央坚强领导下，各地区各部门认真贯彻落实党中央、国务院决策部署，财税体制改革加快推进，预算管理制度持续完善，财政资金使用绩效不断提升，对我国经济社会发展发挥了重要支持作用。但也要看到，现行预算绩效管理仍然存在一些突出问题，主要是：绩效理念尚未牢固树立，一些地方和部门存在重投入轻管理、重支出轻绩效的意识；绩效管理的广度和深度不足，尚未覆盖所有财政资金，一些领域财政资金低效无效、闲置沉淀、损失浪费的问题较为突出，克扣挪用、截留私分、虚报冒领的问题时有发生；绩效激励约束作用不强，绩效评价结果与预算安排和政策调整的挂钩机制尚未建立。

当前，我国经济已由高速增长阶段转向高质量发展阶段，正处在转变发展方式、优化经济结构、转换增长动力的攻关期，建设现代化经济体系是跨越关口的迫切要求和我国发展的战略目标。发挥好财政职能作用，必须按照全面深化改革的要求，加快建立现代财政制度，建立全面规范透明、标准科学、约束有力的预算制度，以全面实施预算绩效管理为关键点和突破口，解决好绩效管理中存在的突出问题，推动财政资金聚力增效，提高公共服务供给质量，增强政府公信力和执行力。

二、总体要求

（一）指导思想。以习近平新时代中国特色社会主义思想为指导，全面贯彻党

的十九大和十九届二中、三中全会精神，坚持和加强党的全面领导，坚持稳中求进工作总基调，坚持新发展理念，紧扣我国社会主要矛盾变化，按照高质量发展的要求，紧紧围绕统筹推进"五位一体"总体布局和协调推进"四个全面"战略布局，坚持以供给侧结构性改革为主线，创新预算管理方式，更加注重结果导向、强调成本效益、硬化责任约束，力争用3~5年时间基本建成全方位、全过程、全覆盖的预算绩效管理体系，实现预算和绩效管理一体化，着力提高财政资源配置效率和使用效益，改变预算资金分配的固化格局，提高预算管理水平和政策实施效果，为经济社会发展提供有力保障。

（二）基本原则

——坚持总体设计、统筹兼顾。按照深化财税体制改革和建立现代财政制度的总体要求，统筹谋划全面实施预算绩效管理的路径和制度体系。既聚焦解决当前最紧迫问题，又着眼健全长效机制；既关注预算资金的直接产出和效果，又关注宏观政策目标的实现程度；既关注新出台政策、项目的科学性和精准度，又兼顾延续政策、项目的必要性和有效性。

——坚持全面推进、突出重点。预算绩效管理既要全面推进，将绩效理念和方法深度融入预算编制、执行、监督全过程，构建事前事中事后绩效管理闭环系统，又要突出重点，坚持问题导向，聚焦提升覆盖面广、社会关注度高、持续时间长的重大政策、项目的实施效果。

——坚持科学规范、公开透明。抓紧健全科学规范的管理制度，完善绩效目标、绩效监控、绩效评价、结果应用等管理流程，健全共性的绩效指标框架和分行业领域的绩效指标体系，推动预算绩效管理标准科学、程序规范、方法合理、结果可信。大力推进绩效信息公开透明，主动向同级人大报告、向社会公开，自觉接受人大和社会各界监督。

——坚持权责对等、约束有力。建立责任约束制度，明确各方预算绩效管理职责，清晰界定权责边界。健全激励约束机制，实现绩效评价结果与预算安排和政策调整挂钩。增强预算统筹能力，优化预算管理流程，调动地方和部门的积极性、主动性。

三、构建全方位预算绩效管理格局

（三）实施政府预算绩效管理。将各级政府收支预算全面纳入绩效管理。各级政府预算收入要实事求是、积极稳妥、讲求质量，必须与经济社会发展水平相适应，严格落实各项减税降费政策，严禁脱离实际制定增长目标，严禁虚收空转、收取过头税费，严禁超出限额举借政府债务。各级政府预算支出要统筹兼顾、突出重点、量力而行，着力支持国家重大发展战略和重点领域改革，提高保障和改善民生水平，同时不得设定过高民生标准和擅自扩大保障范围，确保财政资源高效配置，增强财政可持续性。

（四）实施部门和单位预算绩效管理。将部门和单位预算收支全面纳入绩效管理，赋予部门和资金使用单位更多的管理自主权，围绕部门和单位职责、行业发展规划，以预算资金管理为主线，统筹考虑资产和业务活动，从运行成本、管理效率、履职效能、社会效应、可持续发展能力和服务对象满意度等方面，衡量部门和单位整体及核心业务实施效果，推动提高部门和单位整体绩效水平。

（五）实施政策和项目预算绩效管理。将政策和项目全面纳入绩效管理，从数量、质量、时效、成本、效益等方面，综合衡量政策和项目预算资金使用效果。对实施期超过一年的重大政策和项目实行全周期跟踪问效，建立动态评价调整机制，政策到期、绩效低下的政策和项目要及时清理退出。

四、建立全过程预算绩效管理链条

（六）建立绩效评估机制。各部门各单位要结合预算评审、项目审批等，对新出台重大政策、项目开展事前绩效评估，重点论证立项必要性、投入经济性、绩效目标合理性、实施方案可行性、筹资合规性等，投资主管部门要加强基建投资绩效评估，评估结果作为申请预算的必备要件。各级财政部门要加强新增重大政策和项目预算审核，必要时可以组织第三方机构独立开展绩效评估，审核和评估结果作为预算安排的重要参考依据。

（七）强化绩效目标管理。各地区各部门编制预算时要贯彻落实党中央、国务院各项决策部署，分解细化各项工作要求，结合本地区本部门实际情况，全面设置部门和单位整体绩效目标、政策及项目绩效目标。绩效目标不仅要包括产出、成本，还要包括经济效益、社会效益、生态效益、可持续影响和服务对象满意度等绩效指标。各级财政部门要将绩效目标设置作为预算安排的前置条件，加强绩效目标审核，将绩效目标与预算同步批复下达。

（八）做好绩效运行监控。各级政府和各部门各单位对绩效目标实现程度和预算执行进度实行"双监控"，发现问题要及时纠正，确保绩效目标如期保质保量实现。各级财政部门建立重大政策、项目绩效跟踪机制，对存在严重问题的政策、项目要暂缓或停止预算拨款，督促及时整改落实。各级财政部门要按照预算绩效管理要求，加强国库现金管理，降低资金运行成本。

（九）开展绩效评价和结果应用。通过自评和外部评价相结合的方式，对预算执行情况开展绩效评价。各部门各单位对预算执行情况以及政策、项目实施效果开展绩效自评，评价结果报送本级财政部门。各级财政部门建立重大政策、项目预算绩效评价机制，逐步开展部门整体绩效评价，对下级政府财政运行情况实施综合绩效评价，必要时可以引入第三方机构参与绩效评价。健全绩效评价结果反馈制度和绩效问题整改责任制，加强绩效评价结果应用。

五、完善全覆盖预算绩效管理体系

（十）建立一般公共预算绩效管理体系。各级政府要加强一般公共预算绩效管理。收入方面，要重点关注收入结构、征收效率和优惠政策实施效果。支出方面，要重点关注预算资金配置效率、使用效益，特别是重大政策和项目实施效果，其中转移支付预算绩效管理要符合财政事权和支出责任划分规定，重点关注促进地区间财力协调和区域均衡发展。同时，积极开展涉及一般公共预算等财政资金的政府投资基金、主权财富基金、政府和社会资本合作（PPP）、政府采购、政府购买服务、政府债务项目绩效管理。

（十一）建立其他政府预算绩效管理体系。除一般公共预算外，各级政府还要将政府性基金预算、国有资本经营预算、社会保险基金预算全部纳入绩效管理，加强四本预算之间的衔接。政府性基金预算绩效管理，要重点关注基金政策设立延续依据、征收标准、使用效果等情况，地方政府还要关注其对专项债务的支撑能力。国有资本经营预算绩效管理，要重点关注贯彻国家战略、收益上缴、支出结构、使用效果等情况。社会保险基金预算绩效管理，要重点关注各类社会保险基金收支政策效果、基金管理、精算平衡、地区结构、运行风险等情况。

六、健全预算绩效管理制度

（十二）完善预算绩效管理流程。围绕预算管理的主要内容和环节，完善涵盖绩效目标管理、绩效运行监控、绩效评价管理、评价结果应用等各环节的管理流程，制定预算绩效管理制度和实施细则。建立专家咨询机制，引导和规范第三方机构参与预算绩效管理，严格执业质量监督管理。加快预算绩效管理信息化建设，打破"信息孤岛"和"数据烟囱"，促进各级政府和各部门各单位的业务、财务、资产等信息互联互通。

（十三）健全预算绩效标准体系。各级财政部门要建立健全定量和定性相结合的共性绩效指标框架。各行业主管部门要加快构建分行业、分领域、分层次的核心绩效指标和标准体系，实现科学合理、细化量化、可比可测、动态调整、共建共享。绩效指标和标准体系要与基本公共服务标准、部门预算项目支出标准等衔接匹配，突出结果导向，重点考核实绩。创新评估评价方法，立足多维视角和多元数据，依托大数据分析技术，运用成本效益分析法、比较法、因素分析法、公众评判法、标杆管理法等，提高绩效评估评价结果的客观性和准确性。

七、硬化预算绩效管理约束

（十四）明确绩效管理责任约束。按照党中央、国务院统一部署，财政部要完善绩效管理的责任约束机制，地方各级政府和各部门各单位是预算绩效管理的责任主体。地方各级党委和政府主要负责同志对本地区预算绩效负责，部门和单位主要负责同志对本部门本单位预算绩效负责，项目责任人对项目预算绩效负责，对重大项目的责任人实行绩效终身责任追究制，切实做到花钱必问效、无效必问责。

（十五）强化绩效管理激励约束。各级财政部门要抓紧建立绩效评价结果与预算安排和政策调整挂钩机制，将本级部门整体绩效与部门预算安排挂钩，将下级政府财政运行综合绩效与转移支付分配挂钩。对绩效好的政策和项目原则上优先保障，对绩效一般的政策和项目要督促改进，对交叉重复、碎片化的政策和项目予以调整，对低效无效资金一律削减或取消，对长期沉淀的资金一律收回并按照有关规定统筹用于亟需支持的领域。

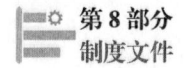

八、保障措施

（十六）加强绩效管理组织领导。坚持党对全面实施预算绩效管理工作的领导，充分发挥党组织的领导作用，增强把方向、谋大局、定政策、促改革的能力和定力。财政部要加强对全面实施预算绩效管理工作的组织协调。各地区各部门要加强对本地区本部门预算绩效管理的组织领导，切实转变思想观念，牢固树立绩效意识，结合实际制定实施办法，加强预算绩效管理力量，充实预算绩效管理人员，督促指导有关政策措施落实，确保预算绩效管理延伸至基层单位和资金使用终端。

（十七）加强绩效管理监督问责。审计机关要依法对预算绩效管理情况开展审计监督，财政、审计等部门发现违纪违法问题线索，应当及时移送纪检监察机关。各级财政部门要推进绩效信息公开，重要绩效目标、绩效评价结果要与预决算草案同步报送同级人大、同步向社会主动公开，搭建社会公众参与绩效管理的途径和平台，自觉接受人大和社会各界监督。

（十八）加强绩效管理工作考核。各级政府要将预算绩效结果纳入政府绩效和干部政绩考核体系，作为领导干部选拔任用、公务员考核的重要参考，充分调动各地区各部门履职尽责和干事创业的积极性。各级财政部门负责对本级部门和预算单位、下级财政部门预算绩效管理工作情况进行考核。建立考核结果通报制度，对工作成效明显的地区和部门给予表彰，对工作推进不力的进行约谈并责令限期整改。

全面实施预算绩效管理是党中央、国务院作出的重大战略部署，是政府治理和预算管理的深刻变革。各地区各部门要更加紧密地团结在以习近平同志为核心的党中央周围，把思想认识和行动统一到党中央、国务院决策部署上来，增强"四个意识"，坚定"四个自信"，提高政治站位，把全面实施预算绩效管理各项措施落到实处，为决胜全面建成小康社会、夺取新时代中国特色社会主义伟大胜利、实现中华民族伟大复兴的中国梦奠定坚实基础。

第2节

财政部关于印发《中央部门预算绩效目标管理办法》的通知

财政部关于印发《中央部门预算绩效目标管理办法》的通知

财预〔2015〕88号

党中央有关部门,国务院各部委、各直属机构,总后勤部,武警各部队,全国人大常委会办公厅,全国政协办公厅,高法院,高检院,各民主党派中央,有关人民团体,新疆生产建设兵团,有关中央管理企业:

  为了全面推进预算绩效管理工作,进一步规范中央部门预算绩效目标管理,提高财政资金使用效益,根据《中华人民共和国预算法》、《国务院关于深化预算管理制度改革的决定》(国发〔2014〕45号)等有关规定,我们制定了《中央部门预算绩效目标管理办法》。现予印发,请遵照执行。

  附件:中央部门预算绩效目标管理办法

财政部
2015年5月21日

… 第8部分 制度文件

附件

中央部门预算绩效目标管理办法

第一章 总 则

第一条 为了进一步加强预算绩效管理,提高中央部门预算绩效目标管理的科学性、规范性和有效性,根据《中华人民共和国预算法》、《国务院关于深化预算管理制度改革的决定》(国发〔2014〕45号)等有关规定,制定本办法。

第二条 绩效目标是指财政预算资金计划在一定期限内达到的产出和效果。

绩效目标是建设项目库、编制部门预算、实施绩效监控、开展绩效评价等的重要基础和依据。

第三条 本办法所称绩效目标:

(一)按照预算支出的范围和内容划分,包括基本支出绩效目标、项目支出绩效目标和部门(单位)整体支出绩效目标。

基本支出绩效目标,是指中央部门预算中安排的基本支出在一定期限内对本部门(单位)正常运转的预期保障程度。一般不单独设定,而是纳入部门(单位)整体支出绩效目标统筹考虑。

项目支出绩效目标是指中央部门依据部门职责和事业发展要求,设立并通过预算安排的项目支出在一定期限内预期达到的产出和效果。

部门(单位)整体支出绩效目标是指中央部门及其所属单位按照确定的职责,利用全部部门预算资金在一定期限内预期达到的总体产出和效果。

(二)按照时效性划分,包括中长期绩效目标和年度绩效目标。

中长期绩效目标是指中央部门预算资金在跨度多年的计划期内预期达到的产出和效果。年度绩效目标是指中央部门预算资金在一个预算年度内预期达到的产出和效果。

第四条 绩效目标管理是指财政部和中央部门及其所属单位以绩效目标为对象,以绩效目标的设定、审核、批复等为主要内容所开展的预算管理活动。

第五条 财政部和中央部门及其所属单位是绩效目标管理的主体。

第 2 节
财政部关于印发《中央部门预算绩效目标管理办法》的通知

第六条 绩效目标管理的对象是纳入中央部门预算管理的全部资金。

第二章 绩效目标的设定

第七条 绩效目标设定是指中央部门或其所属单位按照部门预算管理和绩效目标管理的要求，编制绩效目标并向财政部或中央部门报送绩效目标的过程。

绩效目标是部门预算安排的重要依据。未按要求设定绩效目标的项目支出，不得纳入项目库管理，也不得申请部门预算资金。

第八条 按照"谁申请资金，谁设定目标"的原则，绩效目标由中央部门及其所属单位设定。

项目支出绩效目标，在该项目纳入中央部门项目库之前编制，并按要求随同中央部门项目库提交财政部；部门（单位）整体支出绩效目标，在申报部门预算时编制，并按要求提交财政部。

第九条 绩效目标要能清晰反映预算资金的预期产出和效果，并以相应的绩效指标予以细化、量化描述。主要包括：

（一）预期产出，是指预算资金在一定期限内预期提供的公共产品和服务情况；

（二）预期效果，是指上述产出可能对经济、社会、环境等带来的影响情况，以及服务对象或项目受益人对该项产出和影响的满意程度等。

第十条 绩效指标是绩效目标的细化和量化描述，主要包括产出指标、效益指标和满意度指标等。

（一）产出指标是对预期产出的描述，包括数量指标、质量指标、时效指标、成本指标等。

（二）效益指标是对预期效果的描述，包括经济效益指标、社会效益指标、生态效益指标、可持续影响指标等。

（三）满意度指标是反映服务对象或项目受益人的认可程度的指标。

第十一条 绩效标准是设定绩效指标时所依据或参考的标准。一般包括：

（一）历史标准，是指同类指标的历史数据等；

（二）行业标准，是指国家公布的行业指标数据等；

（三）计划标准，是指预先制定的目标、计划、预算、定额等数据；

（四）财政部认可的其他标准。

第十二条　绩效目标设定的依据包括：

（一）国家相关法律、法规和规章制度，国民经济和社会发展规划；

（二）部门职能、中长期发展规划、年度工作计划或项目规划；

（三）中央部门中期财政规划；

（四）财政部中期和年度预算管理要求；

（五）相关历史数据、行业标准、计划标准等；

（六）符合财政部要求的其他依据。

第十三条　设定的绩效目标应当符合以下要求：

（一）指向明确。绩效目标要符合国民经济和社会发展规划、部门职能及事业发展规划等要求，并与相应的预算支出内容、范围、方向、效果等紧密相关。

（二）细化量化。绩效目标应当从数量、质量、成本、时效以及经济效益、社会效益、生态效益、可持续影响、满意度等方面进行细化，尽量进行定量表述。不能以量化形式表述的，可采用定性表述，但应具有可衡量性。

（三）合理可行。设定绩效目标时要经过调查研究和科学论证，符合客观实际，能够在一定期限内如期实现。

（四）相应匹配。绩效目标要与计划期内的任务数或计划数相对应，与预算确定的投资额或资金量相匹配。

第十四条　绩效目标申报表是所设定绩效目标的表现形式。其中，项目支出绩效目标涉及内容的相关信息，纳入项目文本中，通过提取信息的方式以确定格式（详见附1）生成；部门（单位）整体支出绩效目标，按照确定格式和内容（详见附2）填报，纳入部门预算编报说明中。

第十五条　绩效目标设定的方法包括：

（一）项目支出绩效目标的设定。

1. 对项目的功能进行梳理，包括资金性质、预期投入、支出范围、实施内容、工作任务、受益对象等，明确项目的功能特性。

2. 依据项目的功能特性，预计项目实施在一定时期内所要达到的总体产出和效果，确定项目所要实现的总体目标，并以定量和定性相结合的方式进行表述。

3. 对项目支出总体目标进行细化分解，从中概括、提炼出最能反映总体目标预期实现程度的关键性指标，并将其确定为相应的绩效指标。

4. 通过收集相关基准数据，确定绩效标准，并结合项目预期进展、预计投入等情况，确定绩效指标的具体数值。

（二）部门（单位）整体支出绩效目标的设定。

1. 对部门（单位）的职能进行梳理，确定部门（单位）的各项具体工作职责。

2. 结合部门（单位）中长期规划和年度工作计划，明确年度主要工作任务，预计部门（单位）在本年度内履职所要达到的总体产出和效果，将其确定为部门（单位）总体目标，并以定量和定性相结合的方式进行表述。

3. 依据部门（单位）总体目标，结合部门（单位）的各项具体工作职责和工作任务，确定每项工作任务预计要达到的产出和效果，从中概括、提炼出最能反映工作任务预期实现程度的关键性指标，并将其确定为相应的绩效指标。

4. 通过收集相关基准数据，确定绩效标准，并结合年度预算安排等情况，确定绩效指标的具体数值。

第十六条 绩效目标设定程序为：

（一）基层单位设定绩效目标。申请预算资金的基层单位按照要求设定绩效目标，随同本单位预算提交上级单位；根据上级单位审核意见，对绩效目标进行修改完善，按程序逐级上报。

（二）中央部门设定绩效目标。中央部门按要求设定本级支出绩效目标，审核、汇总所属单位绩效目标，提交财政部；根据财政部审核意见对绩效目标进行修改完善，按程序提交财政部。

第三章 绩效目标的审核

第十七条 绩效目标审核是指财政部或中央部门对相关部门或单位报送的绩效目标进行审查核实，并将审核意见反馈相关单位，指导其修改完善绩效目标的过程。

第十八条 按照"谁分配资金，谁审核目标"的原则，绩效目标由财政部或中央部门按照预算管理级次进行审核。根据工作需要，绩效目标可委托第三方予以审核。

第十九条 绩效目标审核是部门预算审核的有机组成部分。绩效目标不符合要求的，财政部或中央部门应要求报送单位及时修改、完善。审核符合要求后，方可进入项目库，并进入下一步预算编审流程。

第二十条 中央部门对所属单位报送的项目支出绩效目标和单位整体支出绩效目标进行审核。

有预算分配权的部门应对预算部门提交的有关项目支出绩效目标进行审核,并据此提出资金分配建议。经审核的项目支出绩效目标,报财政部备案。

第二十一条 财政部根据部门预算审核的范围和内容,对中央部门报送的项目支出绩效目标和部门(单位)整体支出绩效目标进行审核。对经有预算分配权的部门审核后的横向分配项目的绩效目标,财政部可根据需要进行再审核。

第二十二条 绩效目标审核的主要内容:

(一)完整性审核。绩效目标的内容是否完整,绩效目标是否明确、清晰。

(二)相关性审核。绩效目标的设定与部门职能、事业发展规划是否相关,是否对申报的绩效目标设定了相关联的绩效指标,绩效指标是否细化、量化。

(三)适当性审核。资金规模与绩效目标之间是否匹配,在既定资金规模下,绩效目标是否过高或过低;或者要完成既定绩效目标,资金规模是否过大或过小。

(四)可行性审核。绩效目标是否经过充分论证和合理测算;所采取的措施是否切实可行,并能确保绩效目标如期实现。综合考虑成本效益,是否有必要安排财政资金。

第二十三条 对一般性项目,由财政部或中央部门结合部门预算管理流程进行审核,提出审核意见。

对社会关注程度高、对经济社会发展具有重要影响、关系重大民生领域或专业技术复杂的重点项目,财政部或中央部门可根据需要将其委托给第三方,组织相关部门、专家学者、科研院所、中介机构、社会公众代表等共同参与审核,提出审核意见。

第二十四条 对项目支出绩效目标的审核,采用"项目支出绩效目标审核表"(详见附3)。其中,对一般性项目,采取定性审核的方式;对重点项目,采取定性审核和定量审核相结合的方式。

部门(单位)整体支出绩效目标的审核,可参考项目支出绩效目标的审核工具,提出审核意见。

第二十五条 项目支出绩效目标审核结果分为"优"、"良"、"中"、"差"四个等级,作为项目预算安排的重要参考因素。

审核结果为"优"的,直接进入下一步预算安排流程;审核结果为"良"的,可与相关部门或单位进行协商，直接对其绩效目标进行完善后，进入下一步预算安排流程；审核结果为"中"的，由相关部门或单位对其绩效目标进行修改完善，按程序重新报送审核；审核结果为"差"的，不得进入下一步预算安排流程。

第二十六条　绩效目标审核程序如下：

（一）中央部门及其所属单位审核。中央部门及其所属单位对下级单位报送的绩效目标进行审核，提出审核意见并反馈给下级单位。下级单位根据审核意见对相关绩效目标进行修改完善，重新提交上级单位审核，审核通过后按程序报送财政部。

（二）财政部审核。财政部对中央部门报送的绩效目标进行审核，提出审核意见并反馈给中央部门。中央部门根据财政部审核意见对相关绩效目标进行修改完善，重新报送财政部审核。财政部根据绩效目标审核情况提出预算安排意见，随预算资金一并下达中央部门。

第四章　绩效目标的批复、调整与应用

第二十七条　按照"谁批复预算，谁批复目标"的原则，财政部和中央部门在批复年初部门预算或调整预算时，一并批复绩效目标。原则上，中央部门整体支出绩效目标、纳入绩效评价范围的项目支出绩效目标和一级项目绩效目标，由财政部批复；中央部门所属单位整体支出绩效目标和二级项目绩效目标，由中央部门或所属单位按预算管理级次批复。

第二十八条　绩效目标确定后，一般不予调整。预算执行中因特殊原因确需调整的，应按照绩效目标管理要求和预算调整流程报批。

第二十九条　中央部门及所属单位应按照批复的绩效目标组织预算执行，并根据设定的绩效目标开展绩效监控、绩效自评和绩效评价。

（一）绩效监控。预算执行中，中央部门及所属单位应对资金运行状况和绩效目标预期实现程度开展绩效监控，及时发现并纠正绩效运行中存在的问题，力保绩效目标如期实现。

（二）绩效自评。预算执行结束后，资金使用单位应对照确定的绩效目标开展绩效自评，分别填写"项目支出绩效自评表"（详见附4）和"部门（单位）整体支出绩效自评表"（详见附5），形成相应的自评结果，作为部门（单位）预、决算的组成内容和以后年度预算申请、安排的重要基础。

（三）绩效评价。财政部或中央部门要有针对地选择部分重点项目或部门（单位），在资金使用单位绩效自评的基础上，开展项目支出或部门（单位）整体支出绩效评价，并对部分重大专项资金或财政政策开展中期绩效评价试点，形成相应的评价结果。

第三十条　中央部门应按照有关法律、法规要求，逐步将有关绩效目标随同部门预算予以公开。

第五章　附　　则

第三十一条　各部门可根据本办法，结合实际制定本部门具体绩效目标管理办法和实施细则，报财政部备案。

第三十二条　此前关于中央部门预算绩效目标管理的规定与本办法不一致的，适用本办法。

第三十三条　本办法由财政部负责解释。

第三十四条　本办法自印发之日起施行。

附1-1：项目支出绩效目标申报表（生成表）

附1-2：项目支出绩效目标申报表内容说明

附2-1：部门（单位）整体支出绩效目标申报表

附2-2：部门（单位）整体支出绩效目标申报表填报说明

附3-1：项目支出绩效目标审核表（一般性项目）

附3-2：项目支出绩效目标审核表（重点项目）

附3-3：项目支出绩效目标审核表填报说明

附4：项目支出绩效自评表

附5：部门（单位）整体支出绩效自评表

附6：中央部门预算绩效目标管理流程图

第 2 节
财政部关于印发《中央部门预算绩效目标管理办法》的通知

附 1-1

项目支出绩效目标申报表（生成表）
（　　年度）

项目名称					
主管部门及代码				实施单位	
项目属性				项目期	
项目资金/万元	中期资金总额			年度资金总额	
	其中：财政拨款			其中：财政拨款	
	其他资金			其他资金	

<table>
<tr><th rowspan="2">总体目标</th><th colspan="2">中期目标（20××年—20××÷n年）</th><th colspan="2">年度目标</th></tr>
<tr><td colspan="2">目标1：
目标2：
目标3：
……</td><td colspan="2">目标1：
目标2：
目标3：
……</td></tr>
</table>

<table>
<tr><th rowspan="2">绩效指标</th><th rowspan="2">一级指标</th><th>二级指标</th><th>三级指标</th><th>指标值</th><th>二级指标</th><th>三级指标</th><th>指标值</th></tr>
<tr><td></td><td></td><td></td><td></td><td></td><td></td></tr>
<tr><td rowspan="16">产出指标</td><td rowspan="3">数量指标</td><td>指标1：</td><td></td><td rowspan="3">数量指标</td><td>指标1：</td><td></td></tr>
<tr><td>指标2：</td><td></td><td>指标2：</td><td></td></tr>
<tr><td>……</td><td></td><td>……</td><td></td></tr>
<tr><td rowspan="3">质量指标</td><td>指标1：</td><td></td><td rowspan="3">质量指标</td><td>指标1：</td><td></td></tr>
<tr><td>指标2：</td><td></td><td>指标2：</td><td></td></tr>
<tr><td>……</td><td></td><td>……</td><td></td></tr>
<tr><td rowspan="3">时效指标</td><td>指标1：</td><td></td><td rowspan="3">时效指标</td><td>指标1：</td><td></td></tr>
<tr><td>指标2：</td><td></td><td>指标2：</td><td></td></tr>
<tr><td>……</td><td></td><td>……</td><td></td></tr>
<tr><td rowspan="3">成本指标</td><td>指标1：</td><td></td><td rowspan="3">成本指标</td><td>指标1：</td><td></td></tr>
<tr><td>指标2：</td><td></td><td>指标2：</td><td></td></tr>
<tr><td>……</td><td></td><td>……</td><td></td></tr>
<tr><td>……</td><td></td><td></td><td>……</td><td></td><td></td></tr>
</table>

续表

一级指标	二级指标	三级指标	指标值	二级指标	三级指标	指标值
绩效指标	效益指标	经济效益指标	指标1:		经济效益指标	指标1:	
			指标2:			指标2:	
			……			……	
		社会效益指标	指标1:		社会效益指标	指标1:	
			指标2:			指标2:	
			……			……	
		生态效益指标	指标1:		生态效益指标	指标1:	
			指标2:			指标2:	
			……			……	
		可持续影响指标	指标1:		可持续影响指标	指标1:	
			指标2:			指标2:	
			……			……	
		……			……		
	满意度指标	服务对象满意度指标	指标1:		服务对象满意度指标	指标1:	
			指标2:			指标2:	
			……			……	
		……			……		

附 1-2

项目支出绩效目标申报表内容说明

一、适用范围

（一）本表根据中央部门及其所属单位所填报的项目文本中的相关信息，由预算管理系统自动生成，作为项目绩效目标审核和批复、预算资金确定、绩效监控、绩效评价的主要依据。

（二）项目支出是指中央部门为完成其特定的行政工作任务或事业发展目标、纳入部门预算编制范围的年度项目支出计划。

（三）中央部门的所有预算项目都应设定绩效目标，并形成本表。

（四）本表中的相关内容出项目资金申报单位在项目申报文本中填写。

二、内容说明

（一）年度：指编制部门预算所属年份。如：编报20××年部门预算时，填写"20××年"；20××年预算执行中申请调整预算时，填写"20××年"。

（二）项目基本情况

1. 项目名称：指项目的具体名称，与部门预算中的项目名称一致。

2. 主管部门及代码：指中央部门的代码及全称。如：[101]国务院办公厅。

3. 实施单位：指项目具体实施单位，与项目文本中的有关内容一致。

4. 项目属性：指新增项目或延续项目。

5. 项目期：指项目的具体实施期限，其中，一次性项目，填1年；有确定项目实施期的项目，填确定的年限，如3年等；属于部门经常性业务项目，填"长期"。

6. 项目资金：指中期或年度项目资金总额，按资金来源分为财政拨款、其他资金。本项内容以万元为单位，保留小数点后两位。

(三)总体目标

项目支出总体目标描述利用该项目全部预算资金在一定期限内预期达到的总体产出和效果。

1. 中期目标:概括描述延续项目在一定时期内(一般为三年)预期达到的产出和效果。其中,所填写的期限,按一定时期滚动填写,如2015年编制2016年预算,填写2016—2018年;2016年编制2017年预算,填写2017—2019年等。

一次性项目和处于项目期最后一年的项目,不需填写此项,只填写年度目标。

2. 年度目标:概括描述项目在本年度内预期达到的产出和效果。

(四)绩效指标

绩效指标按中期指标和年度指标分别填列,其中,中期指标是对中期目标的细化和量化,年度指标是对年度目标的细化和量化。一次性项目和处于项目期最后一年的项目,只填写年度指标。

绩效指标一般包括产出指标、效益指标、满意度指标三类一级指标,每一类一级指标细分为若干二级指标、三级指标,分别设定具体的指标值。指标值应尽量细化、量化,可量化的用数值描述,不可量化的以定性描述。

1. 产出指标:反映根据既定目标,相关预算资金预期提供的公共产品和服务情况。可进一步细分为:

(1)数量指标,反映预期提供的公共产品和服务数量,如"举办培训的班次""培训学员的人次""新增设备数量"等;

(2)质量指标,反映预期提供的公共产品和服务达到的标准、水平和效果,如"培训合格率""研究成果验收通过率"等;

(3)时效指标,反映预期提供公共产品和服务的及时程度和效率情况,如"培训完成时间""研究成果发布时间"等;

(4)成本指标,反映预期提供公共产品和服务所需成本的控制情况,如"人均培训成本""设备购置成本""和社会平均成本的比较"等。

2. 效益指标:反映与既定绩效目标相关的、前述相关产出所带来的预期效果的实现程度。可进一步细分为:

(1)经济效益指标,反映相关产出对经济发展带来的影响和效果,如"促进农民增收率或增收额""采用先进技术带来的实际收入增长率"等;

(2)社会效益指标,反映相关产出对社会发展带来的影响和效果,如"带动就业增长率""安全生产事故下降率"等；

（3）生态效益指标，反映相关产出对自然环境带来的影响和效果，如"水电能源节约率""空气质量优良率"等；

（4）可持续影响指标，反映相关产出带来影响的可持续期限，如"项目持续发挥作用的期限""对本行业未来可持续发展的影响"等。

3.满意度指标：属于预期效果的内容，反映服务对象或项目受益人对相关产出及其影响的认可程度，根据实际细化为具体指标，如"受训学员满意度""群众对××工作的满意度""社会公众投诉率／投诉次数"等。

4.实际操作中其他绩效指标的具体内容，可由部门（单位）根据需要，在上述指标中或在上述指标之外另行补充。

附 2-1

部门（单位）整体支出绩效目标申报表
（　　年度）

<table>
<tr><td colspan="3">部门（单位）名称</td><td colspan="4"></td></tr>
<tr><td rowspan="7">年度主要任务</td><td colspan="2" rowspan="2">任务名称</td><td rowspan="2">主要内容</td><td colspan="3">预算金额 / 万元</td></tr>
<tr><td>总额</td><td>财政拨款</td><td>其他资金</td></tr>
<tr><td colspan="2">任务 1</td><td></td><td></td><td></td><td></td></tr>
<tr><td colspan="2">任务 2</td><td></td><td></td><td></td><td></td></tr>
<tr><td colspan="2">任务 3</td><td></td><td></td><td></td><td></td></tr>
<tr><td colspan="2">……</td><td></td><td></td><td></td><td></td></tr>
<tr><td colspan="3">金额合计</td><td></td><td></td><td></td></tr>
<tr><td colspan="3">年度总体目标</td><td colspan="4">目标 1：
目标 2：
目标 3：
……</td></tr>
<tr><td rowspan="14">年度绩效指标</td><td>一级指标</td><td>二级指标</td><td colspan="2">三级指标</td><td colspan="2">指标值</td></tr>
<tr><td rowspan="13">产出指标</td><td rowspan="3">数量指标</td><td colspan="2">指标 1：</td><td colspan="2"></td></tr>
<tr><td colspan="2">指标 2：</td><td colspan="2"></td></tr>
<tr><td colspan="2">……</td><td colspan="2"></td></tr>
<tr><td rowspan="3">质量指标</td><td colspan="2">指标 1：</td><td colspan="2"></td></tr>
<tr><td colspan="2">指标 2：</td><td colspan="2"></td></tr>
<tr><td colspan="2">……</td><td colspan="2"></td></tr>
<tr><td rowspan="3">时效指标</td><td colspan="2">指标 1：</td><td colspan="2"></td></tr>
<tr><td colspan="2">指标 2：</td><td colspan="2"></td></tr>
<tr><td colspan="2">……</td><td colspan="2"></td></tr>
<tr><td rowspan="3">成本指标</td><td colspan="2">指标 1：</td><td colspan="2"></td></tr>
<tr><td colspan="2">指标 2：</td><td colspan="2"></td></tr>
<tr><td colspan="2">……</td><td colspan="2"></td></tr>
<tr><td colspan="3">……</td><td colspan="2"></td></tr>
</table>

续表

	一级指标	二级指标	三级指标	指标值
年度绩效指标	效益指标	经济效益指标	指标1:	
			指标2:	
			……	
		社会效益指标	指标1:	
			指标2:	
			……	
		生态效益指标	指标1:	
			指标2:	
			……	
		可持续影响指标	指标1:	
			指标2:	
			……	
		……		
	满意度指标	服务对象满意度指标	指标1:	
			指标2:	
			……	
		……		

附 2-2

部门（单位）整体支出绩效目标申报表填报说明

一、适用范围

（一）本表适用于中央部门及其所属单位在申报部门（单位）整体支出绩效目标时填报，作为部门（单位）整体支出预算审核及绩效评价的主要依据。

（二）部门（单位）整体支出是指纳入中央部门预算管理的全部资金，包括当年财政拨款和通过以前年度财政拨款结转和结余资金、事业收入、事业单位经营收入等其他收入安排的支出；包括基本支出和项目支出。

（三）中央部门及其所属单位应按要求设定整体支出绩效目标，填报本表。

（四）本表由中央部门或所属单位财务主管机构负责填写，必要时可以由本部门或本单位业务部门协助填写。

二、填报说明

（一）年度：填写编制部门预算所属年份。如：编报20××年部门预算，填写"20××年"。

（二）部门（单位）名称：填写填报本表的预算部门或单位全称。

（三）年度主要任务：填写根据部门（单位）主要职责和工作计划确定的本年度主要工作任务以及开展这项任务所对应的预算支出金额（一般为一级项目及金额）。预算支出金额包括当年财政拨款和其他资金，以万元为单位，保留到小数点后两位。

（四）年度总体目标：描述本部门（单位）利用全部部门预算资金在本年度内预期达到的总体产出和效果。

（五）年度绩效指标：一般包括产出指标、效益指标、满意度指标三类一级指标，每一类一级指标细分为若干二级指标、三级指标，分别对应具体的指标值。指标值应尽量细化、量化，可量化的用数值描述，不可量化的以定性描述。具体填报要求可参照"项目支出绩效目标申报表内容说明"。

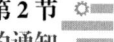

附 3-1

项目支出绩效目标审核表（一般性项目）

审核内容	审核要点	审核意见
一、完整性审核		
规范完整性	绩效目标填报格式是否规范，内容是否完整、准确、翔实，是否无缺项、错项	优□ 良□ 中□ 差□
明确清晰性	绩效目标是否明确、清晰，是否能够反映项目主要情况，是否对项目预期产出和效果进行了充分、恰当的描述	优□ 良□ 中□ 差□
二、相关性审核		
目标相关性	总体目标是否符合国家法律法规、国民经济和社会发展规划要求，与本部门（单位）职能、发展规划和工作计划是否密切相关	优□ 良□ 中□ 差□
指标科学性	绩效指标是否全面、充分、细化、量化，难以量化的，定性描述是否充分、具体；是否选取了最能体现总体目标实现程度的关键指标并明确了具体指标值	优□ 良□ 中□ 差□
三、适当性审核		
绩效合理性	预期绩效是否显著，是否能够体现实际产出和效果的明显改善；是否符合行业正常水平或事业发展规律；与其他同类项目相比，预期绩效是否合理	优□ 良□ 中□ 差□
资金匹配性	绩效目标与项目资金量、使用方向等是否匹配，在既定资金规模下，绩效目标是否过高或过低；或要完成既定绩效目标，资金规模是否过大或过小	优□ 良□ 中□ 差□
四、可行性审核		
实现可能性	绩效目标是否经过充分调查研究、论证和合理测算，实现的可能性是否充分	优□ 良□ 中□ 差□
条件充分性	项目实施方案是否合理，项目实施单位的组织实施能力和条件是否充分，内部控制是否规范，管理制度是否健全	优□ 良□ 中□ 差□
综合评定等级	优□ 良□ 中□ 差□	
总体意见		

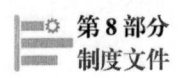

附 3-2

项目支出绩效目标审核表(重点项目)

审核内容		审核要点		审核意见	得分
具体内容	分值	具体内容	分值		
一、完整性审核(20分)					
规范完整性	10分	绩效目标填报格式是否规范、符合规定要求	5分	优□ 良□ 中□ 差□	
		绩效目标填报内容是否完整、准确、翔实,是否无缺项、错项	5分	优□ 良□ 中□ 差□	
				得分小计	
明确清晰性	10分	绩效目标是否明确,内容是否具体,层次是否分明,表述是否准确	5分	优□ 良□ 中□ 差□	
		绩效目标是否清晰,是否能够反映项目的主要内容,是否对项目预期产出和效果进行了充分、恰当的描述	5分	优□ 良□ 中□ 差□	
				得分小计	
二、相关性审核(30分)					
目标相关性	15分	总体目标是否符合国家法律法规、国民经济和社会发展规划要求	7分	优□ 良□ 中□ 差□	
		总体目标与本部门(单位)职能、发展规划和工作计划是否密切相关	8分	优□ 良□ 中□ 差□	
				得分小计	
指标科学性	15分	绩效指标是否全面、充分,是否选取了最能体现总体目标实现程度的关键指标并明确了具体指标值	8分	优□ 良□ 中□ 差□	
		绩效指标是否细化、量化,便于监控和评价;难以量化的,定性描述是否充分、具体	7分	优□ 良□ 中□ 差□	
				得分小计	

续表

审核内容		审核要点		审核意见	得分
具体内容	分值	具体内容	分值		
三、适当性审核（30分）					
绩效合理性	15分	预期绩效是否显著，是否能够体现实际产出和效果的明显改善	8分	优□ 良□ 中□ 差□	
		预期绩效是否符合行业正常水平或事业发展规律；与其他同类项目相比，预期绩效是否合理	7分	优□ 良□ 中□ 差□	
				得分小计	
资金匹配性	15分	绩效目标与项目资金量是否匹配，在既定资金规模下，绩效目标是否过高或过低，或要完成既定绩效目标，资金规模是否过大或过小	8分	优□ 良□ 中□ 差□	
		绩效目标与相应的支出内容、范围、方向、效果等是否匹配	7分	优□ 良□ 中□ 差□	
				得分小计	
四、可行性审核（20分）					
实现可能性	10分	绩效目标是否经过充分调查研究、论证和合理测算	5分	优□ 良□ 中□ 差□	
		绩效目标实现的可能性是否充分，是否考虑了现实条件和可操作性	5分	优□ 良□ 中□ 差□	
				得分小计	
条件充分性	10分	项目实施方案是否合理，项目实施单位的组织实施能力和条件是否充分	5分	优□ 良□ 中□ 差□	
		内部控制是否规范，预算和财务管理制度是否健全并得到有效执行	5分	优□ 良□ 中□ 差□	
				得分小计	
总　　分					
综合评定等级		优□　良□　中□　差□			
总体意见					

附 3-3

项目支出绩效目标审核表填报说明

一、适用范围

（一）本表适用于财政部或中央部门及其所属单位在审核项目支出绩效目标时填报，是绩效目标审核的主要工具。

（二）本表全面反映审核主体对绩效目标的审核意见。

（三）本表由财政部或中央部门及其所属单位财务主管机构负责填写；委托第三方审核的，可以由第三方机构协助填写。

二、填报说明

（一）审核内容

绩效目标审核包括完整性审核、相关性审核、适当性审核和可行性审核等四个方面。绩效目标审核应充分参考部门（单位）职能、项目立项依据、项目实施的必要性和可行性、项目实施方案以及以前年度绩效信息等内容，还应充分考虑财政资金支持的方向、范围和方式等。

（二）审核方式

审核采取定性审核与定量审核相结合的方式。定性审核分为"优""良""中""差"四个等级，其中，填报内容完全符合要求的，定级为"优"；绝大部分内容符合要求、仅需对个别内容进行修改的，定级为"良"；部分内容不符合要求，但通过修改完善后能够符合要求的，定级为"中"；内容为空或大部分内容不符合要求的，定级为"差"。定量审核按对应等级进行打分，保留一位小数。具体审核方式如下：

1.对一般性项目，采取定性审核的方式。审核主体对每一项审核内容逐一提出定性审核意见，并根据各项审核情况，汇总确定"综合评定等级"。确定综合评定等级时，8个审核要点中，有6项及以上为"优"、且其他项无"中"、"差"级的，方可定级为"优";有6项及以上为"良"及以上,且其他项无"差"级的,方可定级为"良";有6项及以上为"中"及以上的,方可定级为"中"。同时,在本表"总体意见"栏中对该项目绩效目标的修改完善、预算安排等提出意见。

2. 对重点项目,采取定性审核和定量审核相结合的方式。审核主体对每一项审核内容提出定性审核意见,并进行打分。定性审核为"优"的,得该项分值的90%~100%;定性审核为"良"的,得该项分值的80%~89%;定性审核为"中"的,得该项分值的60%~79%;定性审核为"差"的,得该项分值的59%以下。

各项审核内容完成后,根据项目审核总分,确定"综合评定等级"。总得分在90分以上的为"优";在80分至90分(不含,下同)之间的为"良";在60分至80分之间的为"中";低于60分的为"差"。同时,在本表"总体意见"栏中对该项目绩效目标的修改完善、预算安排等提出意见。

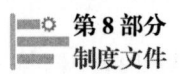

附 4

项目支出绩效自评表
(　　年度)

项目名称					
监管部门及代码			实施单位		
项目预算执行情况/万元	预算数：		执行数：		
	其中：财政拨款		其中：财政拨款		
	其他资金		其他资金		
年度总体目标完成情况	预期目标			目标实际完成情况	
	目标1： 目标2： 目标3： ……			目标1完成情况： 目标2完成情况： 目标3完成情况： ……	
年度绩效指标完成情况	一级指标	二级指标	三级指标	预期指标值	实际完成指标值
	产出指标	数量指标	指标1：		
			指标2：		
			……		
		质量指标	指标1：		
			指标2：		
			……		
		时效指标	指标1：		
			指标2：		
			……		
		成本指标	指标1：		
			指标2：		
			……		
		……			

续表

一级指标	二级指标	三级指标	预期指标值	实际完成指标值
年度绩效指标完成情况	效益指标	经济效益指标	指标1:		
			指标2:		
			……		
		社会效益指标	指标1:		
			指标2:		
			……		
		生态效益指标	指标1:		
			指标2:		
			……		
		可持续影响指标	指标1:		
			指标2:		
			……		
		……			
	满意度指标	服务对象满意度指标	指标1:		
			指标2:		
			……		
		……			

附 5

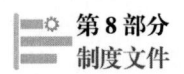

部门（单位）整体支出绩效自评表
（　　　年度）

部门（单位）名称						
年度主要任务完成情况	任务名称		完成情况	预算数/万元		执行数/万元	
					其中：财政拨款		其中：财政拨款
	任务 1						
	任务 2						
	任务 3						
	……						
	金额合计						
年度总体目标完成情况	预期目标			目标实际完成情况			
	目标 1： 目标 2： 目标 3： ……			目标 1 完成情况： 目标 2 完成情况： 目标 3 完成情况： ……			
年度绩效指标完成情况	一级指标	二级指标	指标内容	预期指标值		实际完成指标值	
	产出指标	数量指标	指标 1： 指标 2： ……				
		质量指标	指标 1： 名称 2： ……				
		时效指标	指标 1： 指标 2： ……				
		成本指标	指标 1： 指标 2： ……				
		……					

续表

	一级指标	二级指标	指标内容	预期指标值	实际完成指标值
年度绩效指标完成情况	效益指标	经济效益指标	指标1：		
			指标2：		
			……		
		社会效益指标	指标1：		
			指标2：		
			……		
		生态效益指标	指标1：		
			指标2：		
			……		
		可持续影响指标	指标1：		
			指标2：		
			……		
		………			
	满意度指标	服务对象满意度指标	指标1：		
			指标2：		
			……		
		……			

附6

中央部门预算绩效目标管理流程图

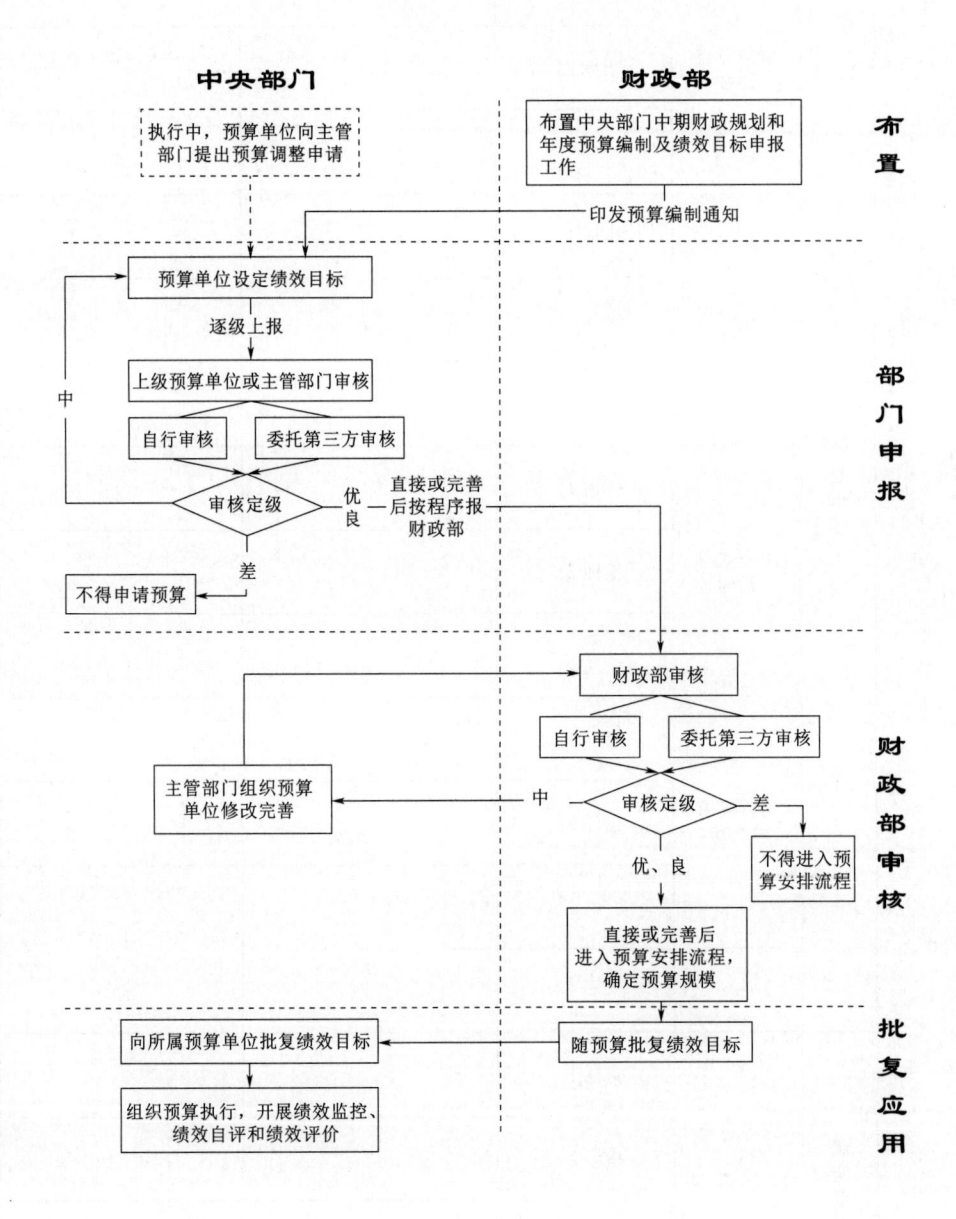

第 3 节

财政部关于印发《中央部门预算绩效运行监控管理暂行办法》的通知

财政部关于印发《中央部门预算绩效运行监控管理暂行办法》的通知

财预〔2019〕136号

有关中央预算单位：

为贯彻落实《中共中央 国务院关于全面实施预算绩效管理的意见》，按照《关于印发2019年预算绩效管理重点工作任务的通知》（财办预〔2019〕15号）要求，为进一步提高绩效监控工作的规范性和系统性，经充分征求各相关方意见，我们制定了《中央部门预算绩效运行监控管理暂行办法》。现予印发，请遵照执行。

附件：中央部门预算绩效运行监控管理暂行办法

财政部

2019年7月26日

附件

中央部门预算绩效运行监控管理暂行办法

第一章 总 则

第一条 为加强中央部门预算绩效运行监控（以下简称绩效监控）管理，提高预算执行效率和资金使用效益，根据《中共中央 国务院关于全面实施预算绩效管理的意见》的有关规定，制定本办法。

第二条 本办法所称绩效监控是指在预算执行过程中，财政部、中央部门及其所属单位依照职责，对预算执行情况和绩效目标实现程度开展的监督、控制和管理活动。

第三条 绩效监控按照"全面覆盖、突出重点，权责对等、约束有力，结果运用、及时纠偏"的原则，由财政部统一组织、中央部门分级实施。

第二章 职 责 分 工

第四条 财政部主要职责包括：

（一）负责对中央部门开展绩效监控的总体组织和指导工作；

（二）研究制定绩效监控管理制度办法；

（三）根据工作需要开展重点绩效监控；

（四）督促绩效监控结果应用；

（五）应当履行的其他绩效监控职责。

第五条 中央部门是实施预算绩效监控的主体。中央部门主要职责包括：

（一）牵头负责组织部门本级开展预算绩效监控工作，对所属单位的绩效监控情况进行指导和监督，明确工作要求，加强绩效监控结果应用等。按照要求向财政部报送绩效监控结果。

（二）按照"谁支出，谁负责"的原则，预算执行单位（包括部门本级及所属单位，下同）负责开展预算绩效日常监控，并定期对绩效监控信息进行收集、审核、分析、汇总、填报；分析偏离绩效目标的原因，并及时采取纠偏措施。

（三）应当履行的其他绩效监控职责。

第三章　监控范围和内容

第六条　中央部门绩效监控范围涵盖中央部门一般公共预算、政府性基金预算和国有资本经营预算所有项目支出。

中央部门应对重点政策和重大项目，以及巡视、审计、有关监督检查、重点绩效评价和日常管理中发现问题较多、绩效水平不高、管理薄弱的项目予以重点监控，并逐步开展中央部门及其所属单位整体预算绩效监控。

第七条　绩效监控内容主要包括：

（一）绩效目标完成情况。一是预计产出的完成进度及趋势，包括数量、质量、时效、成本等。二是预计效果的实现进度及趋势，包括经济效益、社会效益、生态效益和可持续影响等。三是跟踪服务对象满意度及趋势。

（二）预算资金执行情况，包括预算资金拨付情况、预算执行单位实际支出情况以及预计结转结余情况。

（三）重点政策和重大项目绩效延伸监控。必要时，可对重点政策和重大项目支出具体工作任务开展、发展趋势、实施计划调整等情况进行延伸监控。具体内容包括：政府采购、工程招标、监理和验收、信息公示、资产管理以及有关预算资金会计核算等。

（四）其他情况。除上述内容外其他需要实施绩效监控的内容。

第四章　监控方式和流程

第八条　绩效监控采用目标比较法，用定量分析和定性分析相结合的方式，将绩效实现情况与预期绩效目标进行比较，对目标完成、预算执行、组织实施、资金管理等情况进行分析评判。

第九条　绩效监控包括及时性、合规性和有效性监控。及时性监控重点关注上年结转资金较大、当年新增预算且前期准备不充分，以及预算执行环境发生重大变化等情况。合规性监控重点关注相关预算管理制度落实情况、项目预算资金使用过程中的无预算开支、超预算开支、挤占挪用预算资金、超标准配置资产等情况。有效性监控重点关注项目执行是否与绩效目标一致、执行效果能否达到预期等。

第十条 绩效监控工作是全流程的持续性管理，具体采取中央部门日常监控和财政部定期监控相结合的方式开展。对科研类项目可暂不开展年度中的绩效监控，但应在实施期内结合项目检查等方式强化绩效监控，更加注重项目绩效目标实现程度和可持续性。条件具备时，财政部门对中央部门预算绩效运行情况开展在线监控。

第十一条 每年8月，中央部门要集中对1—7月预算执行情况和绩效目标实现程度开展一次绩效监控汇总分析，具体工作程序如下：

（一）收集绩效监控信息。预算执行单位对照批复的绩效目标，以绩效目标执行情况为重点收集绩效监控信息。

（二）分析绩效监控信息。预算执行单位在收集上述绩效信息的基础上，对偏离绩效目标的原因进行分析，对全年绩效目标完成情况进行预计，并对预计年底不能完成目标的原因及拟采取的改进措施做出说明。

（三）填报绩效监控情况表。预算执行单位在分析绩效监控信息的基础上填写《项目支出绩效目标执行监控表》（附后），并作为年度预算执行完成后绩效评价的依据。

（四）报送绩效监控报告。中央部门年度集中绩效监控工作完成后，及时总结经验、发现问题、提出下一步改进措施，形成本部门绩效监控报告，并将所有一级项目《项目支出绩效目标执行监控表》于8月31日前报送财政部对口部门司和预算司。

第五章 结 果 应 用

第十二条 绩效监控结果作为以后年度预算安排和政策制定的参考，绩效监控工作情况作为中央部门预算绩效管理工作考核的内容。

第十三条 中央部门通过绩效监控信息深入分析预算执行进度慢、绩效水平不高的具体原因，对绩效监控中发现的绩效目标执行偏差和管理漏洞，应及时采取分类处置措施予以纠正：

（一）对于因政策变化、突发事件等客观因素导致预算执行进度缓慢或预计无法实现绩效目标的，要本着实事求是的原则，及时按程序调减预算，并同步调整绩效目标。

（二）对于绩效监控中发现严重问题的，如预算执行与绩效目标偏离较大、已经或预计造成重大损失浪费或风险等情况，应暂停项目实施，相应按照有关程序调减预算并停止拨付资金，及时纠偏止损。已开始执行的政府采购项目应当按照相关程序办理。

第十四条 财政部要加强绩效监控结果应用。对中央部门绩效监控结果进行审核分析，对发现的问题和风险进行研判，督促相关部门改进管理，确保预算资金安全有效，保障党中央、国务院重大战略部署和政策目标如期实现。

对绩效监控过程中发现的财政违法行为，依照《中华人民共和国预算法》《财政违法行为处罚处分条例》等有关规定追究责任，报送同级政府和有关部门作为行政问责参考依据；发现重大违纪违法问题线索，及时移送纪检监察机关。

第六章 附　　则

第十五条 各中央部门可根据本办法，结合实际制定预算绩效监控具体管理办法或实施细则，报财政部备案。

第十六条 本办法自印发之日起施行。

附件1：项目支出绩效目标执行监控表

附件 1

项目支出绩效目标执行监控表
（　　年度）

项目名称				实施单位								
主管部门及代码				年初预算数		1—7月执行数		全年预计执行数				
项目资金/万元	年度资金总额： 其中：本年一般公共预算拨款 　　　其他资金											
年度总体目标												
绩效指标	一级指标	二级指标	三级指标	年度指标值	1—7月执行情况	全年预计完成情况	偏差原因分析				完成目标可能性		备注
							经费保障	制度保障	人员保障	硬件条件保障	其他	原因说明	确定能	有可能	完全不可能	
	产出指标	数量指标														
		质量指标														
		时效指标														

第3节 财政部关于印发《中央部门预算绩效运行监控管理暂行办法》的通知

续表

一级指标	二级指标	三级指标	年度指标值	1—7月执行情况	全年预计完成情况	偏差原因分析					完成目标可能性			备注
						经费保障	制度保障	人员保障	硬件条件保障	其他	原因说明	确定可能	有可能	完全不可能	
产出指标	成本指标														
	……														
效益指标	经济效益指标														
	社会效益指标														
	生态效益指标														
	可持续影响指标														
	……														
满意度指标	服务对象满意度指标														
	……														
绩效指标															

注：1. 偏差原因分析：针对与预期目标产生偏差的指标值，分别从经费保障、制度保障、人员保障、硬件条件保障等方面进行判断和分析，并说明原因。
2. 完成目标可能性：对应所设定的实现绩效目标的路径，分确定能、有可能、完全不可能三级综合判断完成的可能性。
3. 备注：说明预计到年底不能完成目标的原因及拟采取的措施。

第 4 节

财政部关于印发《项目支出绩效评价管理办法》的通知

财政部关于印发《项目支出绩效评价管理办法》的通知

财预〔2020〕10号

有关中央预算单位,各省、自治区、直辖市、计划单列市财政厅(局),新疆生产建设兵团财政局:

  为深入贯彻落实《中共中央 国务院关于全面实施预算绩效管理的意见》精神,我们在《财政支出绩效评价管理暂行办法》(财预〔2011〕285号)的基础上,修订形成了《项目支出绩效评价管理办法》,现予印发,请遵照执行。

  附件:项目支出绩效评价管理办法

财政部

2020年2月25日

附件

项目支出绩效评价管理办法

第一章 总 则

第一条 为全面实施预算绩效管理,建立科学、合理的项目支出绩效评价管理体系,提高财政资源配置效率和使用效益,根据《中华人民共和国预算法》和《中共中央 国务院关于全面实施预算绩效管理的意见》等有关规定,制定本办法。

第二条 项目支出绩效评价(以下简称绩效评价)是指财政部门、预算部门和单位,依据设定的绩效目标,对项目支出的经济性、效率性、效益性和公平性进行客观、公正的测量、分析和评判。

第三条 一般公共预算、政府性基金预算、国有资本经营预算项目支出的绩效评价适用本办法。涉及预算资金及相关管理活动,如政府投资基金、主权财富基金、政府和社会资本合作(PPP)、政府购买服务、政府债务项目等绩效评价可参照本办法执行。

第四条 绩效评价分为单位自评、部门评价和财政评价三种方式。单位自评是指预算部门组织部门本级和所属单位对预算批复的项目绩效目标完成情况进行自我评价。部门评价是指预算部门根据相关要求,运用科学、合理的绩效评价指标、评价标准和方法,对本部门的项目组织开展的绩效评价。财政评价是财政部门对预算部门的项目组织开展的绩效评价。

第五条 绩效评价应当遵循以下基本原则:

(一)科学公正。绩效评价应当运用科学合理的方法,按照规范的程序,对项目绩效进行客观、公正的反映。

(二)统筹兼顾。单位自评、部门评价和财政评价应职责明确,各有侧重,相互衔接。单位自评应由项目单位自主实施,即"谁支出、谁自评"。部门评价和财政评价应在单位自评的基础上开展,必要时可委托第三方机构实施。

(三)激励约束。绩效评价结果应与预算安排、政策调整、改进管理实质性挂钩,体现奖优罚劣和激励相容导向,有效要安排、低效要压减、无效要问责。

（四）公开透明。绩效评价结果应依法依规公开，并自觉接受社会监督。

第六条　绩效评价的主要依据：

（一）国家相关法律、法规和规章制度；

（二）党中央、国务院重大决策部署，经济社会发展目标，地方各级党委和政府重点任务要求；

（三）部门职责相关规定；

（四）相关行业政策、行业标准及专业技术规范；

（五）预算管理制度及办法、项目及资金管理办法、财务和会计资料；

（六）项目设立的政策依据和目标，预算执行情况，年度决算报告、项目决算或验收报告等相关材料；

（七）本级人大审查结果报告、审计报告及决定，财政监督稽核报告等；

（八）其他相关资料。

第七条　绩效评价期限包括年度、中期及项目实施期结束后；对于实施期5年及以上的项目，应适时开展中期和实施期后绩效评价。

第二章　绩效评价的对象和内容

第八条　单位自评的对象包括纳入政府预算管理的所有项目支出。

第九条　部门评价对象应根据工作需要，优先选择部门履职的重大改革发展项目，随机选择一般性项目。原则上应以5年为周期，实现部门评价重点项目全覆盖。

第十条　财政评价对象应根据工作需要，优先选择贯彻落实党中央、国务院重大方针政策和决策部署的项目，覆盖面广、影响力大、社会关注度高、实施期长的项目。对重点项目应周期性组织开展绩效评价。

第十一条　单位自评的内容主要包括项目总体绩效目标、各项绩效指标完成情况以及预算执行情况。对未完成绩效目标或偏离绩效目标较大的项目要分析并说明原因，研究提出改进措施。

第十二条　财政和部门评价的内容主要包括：

（一）决策情况；

（二）资金管理和使用情况；

（三）相关管理制度办法的健全性及执行情况；

（四）实现的产出情况；

（五）取得的效益情况；

（六）其他相关内容。

第三章 绩效评价指标、评价标准和方法

第十三条 单位自评指标是指预算批复时确定的绩效指标，包括项目的产出数量、质量、时效、成本，以及经济效益、社会效益、生态效益、可持续影响、服务对象满意度等。

单位自评指标的权重由各单位根据项目实际情况确定。原则上预算执行率和一级指标权重统一设置为：预算执行率10%、产出指标50%、效益指标30%、服务对象满意度指标10%。如有特殊情况，一级指标权重可做适当调整。二、三级指标应当根据指标重要程度、项目实施阶段等因素综合确定，准确反映项目的产出和效益。

第十四条 财政和部门绩效评价指标的确定应当符合以下要求：与评价对象密切相关，全面反映项目决策、项目和资金管理、产出和效益；优先选取最具代表性、最能直接反映产出和效益的核心指标，精简实用；指标内涵应当明确、具体、可衡量，数据及佐证资料应当可采集、可获得；同类项目绩效评价指标和标准应具有一致性，便于评价结果相互比较。

财政和部门评价指标的权重根据各项指标在评价体系中的重要程度确定，应当突出结果导向，原则上产出、效益指标权重不低于60%。同一评价对象处于不同实施阶段时，指标权重应体现差异性，其中，实施期间的评价更加注重决策、过程和产出，实施期结束后的评价更加注重产出和效益。

第十五条 绩效评价标准通常包括计划标准、行业标准、历史标准等，用于对绩效指标完成情况进行比较。

（一）计划标准。指以预先制定的目标、计划、预算、定额等作为评价标准。

（二）行业标准。指参照国家公布的行业指标数据制定的评价标准。

（三）历史标准。指参照历史数据制定的评价标准，为体现绩效改进的原则，在可实现的条件下应当确定相对较高的评价标准。

（四）财政部门和预算部门确认或认可的其他标准。

第十六条 单位自评采用定量与定性评价相结合的比较法，总分由各项指标得分汇总形成。

定量指标得分按照以下方法评定：与年初指标值相比，完成指标值的，记该指标所赋全部分值；对完成值高于指标值较多的，要分析原因，如果是由于年初指标值设定明显偏低造成的，要按照偏离度适度调减分值；未完成指标值的，按照完成值与指标值的比例记分。

定性指标得分按照以下方法评定：根据指标完成情况分为达成年度指标、部分达成年度指标并具有一定效果、未达成年度指标且效果较差三档，分别按照该指标对应分值区间100%～80%（含）、80%～60%（含）、60%～0% 合理确定分值。

第十七条 财政和部门评价的方法主要包括成本效益分析法、比较法、因素分析法、最低成本法、公众评判法、标杆管理法等。根据评价对象的具体情况，可采用一种或多种方法。

（一）成本效益分析法。是指将投入与产出、效益进行关联性分析的方法。

（二）比较法。是指将实施情况与绩效目标、历史情况、不同部门和地区同类支出情况进行比较的方法。

（三）因素分析法。是指综合分析影响绩效目标实现、实施效果的内外部因素的方法。

（四）最低成本法。是指在绩效目标确定的前提下，成本最小者为优的方法。

（五）公众评判法。是指通过专家评估、公众问卷及抽样调查等方式进行评判的方法。

（六）标杆管理法。是指以国内外同行业中较高的绩效水平为标杆进行评判的方法。

（七）其他评价方法。

第十八条 绩效评价结果采取评分和评级相结合的方式，具体分值和等级可根据不同评价内容设定。总分一般设置为100分，等级一般划分为四档：90（含）～100分为优、80（含）～90分为良、60（含）～80分为中、60分以下为差。

第四章　绩效评价的组织管理与实施

第十九条　财政部门负责拟定绩效评价制度办法，指导本级各部门和下级财政部门开展绩效评价工作；会同有关部门对单位自评和部门评价结果进行抽查复核，督促部门充分应用自评和评价结果；根据需要组织实施绩效评价，加强评价结果反馈和应用。

第二十条　各部门负责制定本部门绩效评价办法，组织部门本级和所属单位开展自评工作，汇总自评结果，加强自评结果审核和应用；具体组织实施部门评价工作，加强评价结果反馈和应用。积极配合财政评价工作，落实评价整改意见。

第二十一条　部门本级和所属单位按照要求具体负责自评工作，对自评结果的真实性和准确性负责，自评中发现的问题要及时进行整改。

第二十二条　财政和部门评价工作主要包括以下环节：

（一）确定绩效评价对象和范围；

（二）下达绩效评价通知；

（三）研究制订绩效评价工作方案；

（四）收集绩效评价相关数据资料，并进行现场调研、座谈；

（五）核实有关情况，分析形成初步结论；

（六）与被评价部门（单位）交换意见；

（七）综合分析并形成最终结论；

（八）提交绩效评价报告；

（九）建立绩效评价档案。

第二十三条　财政和部门评价根据需要可委托第三方机构或相关领域专家（以下简称第三方，主要是指与资金使用单位没有直接利益关系的单位和个人）参与，并加强对第三方的指导，对第三方工作质量进行监督管理，推动提高评价的客观性和公正性。

第二十四条　部门委托第三方开展绩效评价的，要体现委托人与项目实施主体相分离的原则，一般由主管财务的机构委托，确保绩效评价的独立、客观、公正。

第五章　绩效评价结果应用及公开

第二十五条　单位自评结果主要通过项目支出绩效自评表的形式反映，做到内容完整、权重合理、数据真实、结果客观。财政和部门评价结果主要以绩效评价报告的形式体现，绩效评价报告应当依据充分、分析透彻、逻辑清晰、客观公正。

绩效评价工作和结果应依法自觉接受审计监督。

第二十六条　各部门应当按照要求随同部门决算向本级财政部门报送绩效自评结果。

部门和单位应切实加强自评结果的整理、分析，将自评结果作为本部门、本单位完善政策和改进管理的重要依据。对预算执行率偏低、自评结果较差的项目，要单独说明原因，提出整改措施。

第二十七条　财政部门和预算部门应在绩效评价工作完成后，及时将评价结果反馈被评价部门（单位），并明确整改时限；被评价部门（单位）应当按要求向财政部门或主管部门报送整改落实情况。

各部门应按要求将部门评价结果报送本级财政部门，评价结果作为本部门安排预算、完善政策和改进管理的重要依据；财政评价结果作为安排政府预算、完善政策和改进管理的重要依据。原则上，对评价等级为优、良的，根据情况予以支持；对评价等级为中、差的，要完善政策、改进管理，根据情况核减预算。对不进行整改或整改不到位的，根据情况相应调减预算或整改到位后再予安排。

第二十八条　各级财政部门、预算部门应当按照要求将绩效评价结果分别编入政府决算和本部门决算，报送本级人民代表大会常务委员会，并依法予以公开。

第六章　法　律　责　任

第二十九条　对使用财政资金严重低效无效并造成重大损失的责任人，要按照相关规定追责问责。对绩效评价过程中发现的资金使用单位和个人的财政违法行为，依照《中华人民共和国预算法》、《财政违法行为处罚处分条例》等有关规定追究责任；发现违纪违法问题线索的，应当及时移送纪检监察机关。

第三十条　各级财政部门、预算部门和单位及其工作人员在绩效评价管理工作中存在违反本办法的行为，以及其他滥用职权、玩忽职守、徇私舞弊等违法违纪行为的,依照《中华人民共和国预算法》、《中华人民共和国公务员法》、《中华人民共和国监察法》、《财政违法行为处罚处分条例》等国家有关规定追究相应责任;涉嫌犯罪的,依法移送司法机关处理。

第七章 附 则

第三十一条 各地区、各部门可结合实际制定具体的管理办法和实施细则。

第三十二条 本办法自印发之日起施行。《财政支出绩效评价管理暂行办法》(财预〔2011〕285号)同时废止。

附:1. 项目支出绩效自评表
2. 项目支出绩效评价指标体系框架(参考)
3. 项目支出绩效评价报告(参考提纲)

附 1

项目支出绩效自评表
（　　年度）

项目名称							
主管部门				实施单位			
项目资金/万元		年初预算数	全年预算数	全年执行数	分值	执行率	得分
	年度资金总额				10		
	其中：当年财政拨款				—		—
	上年结转资金				—		—
	其他资金				—		—
年度总体目标	预期目标			实际完成情况			
绩效指标	一级指标	二级指标	三级指标	年度指标值	实际完成值	分值	得分	偏差原因分析及改进措施
	产出指标	数量指标	指标1：					
			指标2：					
			……					
		质量指标	指标1：					
			指标2：					
			……					
		时效指标	指标1：					
			指标2：					
			……					
		成本指标	指标1：					
			指标2：					
			……					
	效益指标	经济效益指标	指标1：					
			指标2：					
			……					

续表

一级指标	二级指标	三级指标	年度指标值	实际完成值	分值	得分	偏差原因分析及改进措施
绩效指标	效益指标	社会效益指标	指标1：				
			指标2：				
			……				
		生态效益指标	指标1：				
			指标2：				
			……				
		可持续影响指标	指标1：				
			指标2：				
			……				
	满意度指标	服务对象满意度指标	指标1：				
			指标2：				
			……				
总　　分					100		

附 2

项目支出绩效评价指标体系框架(参考)

一级指标	二级指标	三级指标	指标解释	指标说明
决策	项目立项	立项依据充分性	项目立项是否符合法律法规、相关政策、发展规划以及部门职责,用以反映和考核项目立项依据情况	评价要点: ①项目立项是否符合国家法律法规、国民经济发展规划和相关政策; ②项目立项是否符合行业发展规划和政策要求; ③项目立项是否与部门职责范围相符,属于部门履职所需; ④项目是否属于公共财政支持范围,是否符合中央、地方事权支出责任划分原则; ⑤项目是否与相关部门同类项目或部门内部相关项目重复
决策	项目立项	立项程序规范性	项目申请、设立过程是否符合相关要求,用以反映和考核项目立项的规范情况	评价要点: ①项目是否按照规定的程序申请设立; ②审批文件、材料是否符合相关要求; ③事前是否已经过必要的可行性研究、专家论证、风险评估、绩效评估、集体决策
决策	绩效目标	绩效目标合理性	项目所设定的绩效目标是否依据充分,是否符合客观实际,用以反映和考核项目绩效目标与项目实施的相符情况	评价要点: (如未设定预算绩效目标,也可考核其他工作任务目标) ①项目是否有绩效目标; ②项目绩效目标与实际工作内容是否具有相关性; ③项目预期产出效益和效果是否符合正常的业绩水平; ④是否与预算确定的项目投资额或资金量相匹配
决策	绩效目标	绩效指标明确性	依据绩效目标设定的绩效指标是否清晰、细化、可衡量等,用以反映和考核项目绩效目标的明细化情况	评价要点: ①是否将项目绩效目标细化分解为具体的绩效指标; ②是否通过清晰、可衡量的指标值予以体现; ③是否与项目目标任务数或计划数相对应
决策	资金投入	预算编制科学性	项目预算编制是否经过科学论证、有明确标准,资金额度与年度目标是否相适应,用以反映和考核项目预算编制的科学性、合理性情况	评价要点: ①预算编制是否经过科学论证; ②预算内容与项目内容是否匹配; ③预算额度测算依据是否充分,是否按照标准编制; ④预算确定的项目投资额或资金量是否与工作任务相匹配
决策	资金投入	资金分配合理性	项目预算资金分配是否有测算依据,与补助单位或地方实际是否相适应,用以反映和考核项目预算资金分配的科学性、合理性情况	评价要点: ①预算资金分配依据是否充分; ②资金分配额度是否合理,与项目单位或地方实际是否相适应

续表

一级指标	二级指标	三级指标	指标解释	指标说明
过程	资金管理	资金到位率	实际到位资金与预算资金的比率，用以反映和考核资金落实情况对项目实施的总体保障程度	资金到位率=（实际到位资金/预算资金）×100%。 实际到位资金：一定时期（本年度或项目期）内落实到具体项目的资金。 预算资金：一定时期（本年度或项目期）内预算安排到具体项目的资金
		预算执行率	项目预算资金是否按照计划执行，用以反映或考核项目预算执行情况	预算执行率=（实际支出资金/实际到位资金）×100%。 实际支出资金：一定时期（本年度或项目期）内项目实际拨付的资金
		资金使用合规性	项目资金使用是否符合相关的财务管理制度规定，用以反映和考核项目资金的规范运行情况	评价要点： ①是否符合国家财经法规和财务管理制度以及有关专项资金管理办法的规定； ②资金的拨付是否有完整的审批程序和手续； ③是否符合项目预算批复或合同规定的用途； ④是否存在截留、挤占、挪用、虚列支出等情况
	组织实施	管理制度健全性	项目实施单位的财务和业务管理制度是否健全，用以反映和考核财务和业务管理制度对项目顺利实施的保障情况	评价要点： ①是否已制定或具有相应的财务和业务管理制度； ②财务和业务管理制度是否合法、合规、完整
		制度执行有效性	项目实施是否符合相关管理规定，用以反映和考核相关管理制度的有效执行情况	评价要点： ①是否遵守相关法律法规和相关管理规定； ②项目调整及支出调整手续是否完备； ③项目合同书、验收报告、技术鉴定等资料是否齐全并及时归档； ④项目实施的人员条件、场地设备、信息支撑等是否落实到位

第4节 财政部关于印发《项目支出绩效评价管理办法》的通知

续表

一级指标	二级指标	三级指标	指标解释	指标说明
产出	产出数量	实际完成率	项目实施的实际产出数与计划产出数的比率，用以反映和考核项目产出数量目标的实现程度	实际完成率＝（实际产出数/计划产出数）×100%。 实际产出数：一定时期（本年度或项目期）内项目实际产出的产品或提供的服务数量。 计划产出数：项目绩效目标确定的在一定时期（本年度或项目期）内计划产出的产品或提供的服务数量
产出	产出质量	质量达标率	项目完成的质量达标产出数与实际产出数的比率，用以反映和考核项目产出质量目标的实现程度	质量达标率＝（质量达标产出数/实际产出数）×100%。 质量达标产出数：一定时期（本年度或项目期）内实际达到既定质量标准的产品或服务数量。既定质量标准是指项目实施单位设立绩效目标时依据计划标准、行业标准、历史标准或其他标准而设定的绩效指标值
产出	产出时效	完成及时性	项目实际完成时间与计划完成时间的比较，用以反映和考核项目产出时效目标的实现程度	实际完成时间：项目实施单位完成该项目实际所耗用的时间。 计划完成时间：按照项目实施计划或相关规定完成该项目所需的时间
产出	产出成本	成本节约率	完成项目计划工作目标的实际节约成本与计划成本的比率，用以反映和考核项目的成本节约程度	成本节约率＝［（计划成本－实际成本）/计划成本］×100%。 实际成本：项目实施单位如期、保质、保量完成既定工作目标实际所耗费的支出。 计划成本：项目实施单位为完成工作目标计划安排的支出，一般以项目预算为参考
效益	项目效益	实施效益	项目实施所产生的效益	项目实施所产生的社会效益、经济效益、生态效益、可持续影响等。可根据项目实际情况有选择地设置和细化
效益	项目效益	满意度	社会公众或服务对象对项目实施效果的满意程度	社会公众或服务对象是指因该项目实施而受到影响的部门（单位）、群体或个人。一般采取社会调查的方式

附 3

项目支出绩效评价报告
（参考提纲）

一、基本情况

（一）项目概况。包括项目背景、主要内容及实施情况、资金投入和使用情况等。

（二）项目绩效目标。包括总体目标和阶段性目标。

二、绩效评价工作开展情况

（一）绩效评价目的、对象和范围。

（二）绩效评价原则、评价指标体系（附表说明）、评价方法、评价标准等。

（三）绩效评价工作过程。

三、综合评价情况及评价结论（附相关评分表）

四、绩效评价指标分析

（一）项目决策情况。

（二）项目过程情况。

（三）项目产出情况。

（四）项目效益情况。

五、主要经验及做法、存在的问题及原因分析

六、有关建议

七、其他需要说明的问题

第 5 节

水利部关于印发《水利部部门预算绩效管理暂行办法》的通知

水利部关于印发《水利部部门预算绩效管理暂行办法》的通知

水财务〔2019〕355号

部机关各司局，部直属各单位：

为进一步推进预算绩效管理工作，完善预算绩效管理制度，根据《中共中央 国务院关于全面实施预算绩效管理的意见》精神和财政部相关要求，我部组织起草了《水利部部门预算绩效管理暂行办法》。现予以印发，请遵照执行。

水利部办公厅

2019年11月29日

水利部部门预算绩效管理暂行办法

第一条 为规范水利部部门预算绩效管理，提高资金使用效益，根据《中华人民共和国预算法》《中共中央 国务院关于全面实施预算绩效管理的意见》和财政部关于预算绩效管理的相关规定，制定本办法。

第二条 本办法适用于水利部机关及直属二级预算单位（以下简称"二级预算单位"）的预算绩效管理工作。

第三条 水利部部门预算绩效管理，是指水利部各司局和二级预算单位，根据指向明确、细化量化、合理可行、相应匹配的要求设定绩效目标，在预算执行过程中开展监控，运用科学、合理的绩效评价指标、评价标准和方法，对部门预算资金支出的经济性、效率性和效益性进行评价，并对评价结果进行有效运用的预算管理活动。

水利部部门预算绩效管理工作按照分级负责、权责统一、公平公正、程序规范的原则进行。

第四条 按预算支出范围和内容划分，水利部部门预算绩效管理分为基本支出预算绩效管理、项目支出预算绩效管理和单位整体支出预算绩效管理。

基本支出预算绩效管理一般纳入单位整体支出预算绩效管理范围。

第五条 按管理层次划分，水利部部门预算项目绩效管理可分为一级项目绩效管理和二级项目绩效管理。

其中，一级项目按照水利部主要职责设立并由水利部作为实施主体，每个一级项目包含若干二级项目。二级项目与对应的一级项目相匹配，有充分的立项依据、具体的支出内容、明确合理的绩效目标。

第六条 水利部部门预算绩效管理工作由水利部党组统一领导，水利部财务司会同相关业务主管司局负责组织实施。各二级预算单位负责组织本单位及所属单位的预算绩效管理工作。

第七条 水利部财务司、业务主管司局和二级预算单位按照各自职责，做好水利部部门预算绩效管理工作。

第5节 水利部关于印发《水利部部门预算绩效管理暂行办法》的通知

（一）水利部财务司。建立健全部门预算绩效管理制度体系；负责部门预算绩效管理的组织协调工作；会同业务主管司局建立健全预算绩效指标与评价指标体系框架，上报、批复绩效目标，组织开展试点项目和单位绩效评价工作；研究提出绩效评价结果应用建议；指导二级预算单位开展预算绩效管理工作。

（二）水利部业务主管司局。负责研究提出本领域一级、二级项目预算绩效共性指标；负责审核、汇总并形成本领域一级项目绩效目标、绩效监控和自评结果；配合开展试点项目和单位绩效评价工作；督促本领域绩效评价问题整改。

（三）二级预算单位。建立健全本单位预算绩效管理制度；研究提出二级项目预算绩效个性指标；组织本级和所属预算单位开展绩效目标管理、绩效监控和绩效评价工作；组织对绩效监控和评价中发现的问题进行整改。

第八条 水利部建立重大支出政策、预算安排事前绩效评估机制，对新增事项完善立项决策评估机制。

第九条 水利部部门预算资金应当按照要求设定绩效目标。绩效目标应当清晰、量化、可行、易考核，并与年度计划、工作任务和预算相匹配。

（一）项目储备阶段。所有申请储备的项目，绩效目标应与项目申报文本同步申报、同步审核、同步入库。

（二）"一上"阶段。二级预算单位根据水利部编制的三年支出规划，对已储备的二级项目汇总文本及项目绩效目标进行修订并上报。水利部业务主管司局审核、汇总本领域二级项目绩效目标，形成一级项目绩效目标。

（三）"一下"阶段。水利部财务司将下达的项目预算控制数，以及财政部对"一上"绩效目标的审核意见分送各业务主管司局，业务主管司局组织对本领域二级预算单位绩效目标进行修订。

（四）"二上"阶段。二级预算单位根据水利部财务司下达的预算控制数以及相关业务主管司局核定的绩效目标，编报二级项目汇总文本，设定绩效目标。水利部业务主管司局复核后，对一级项目绩效目标进行修订，随部门预算上报。二级预算单位同时组织本级及所属预算单位编报单位整体支出绩效目标。

第十条 水利部根据财政部关于预算绩效目标审核的要求，对各二级预算单位报送的项目支出和单位整体支出绩效目标进行审核。重点审核绩效目标的完整性、相关性、适当性和可行性。

第十一条 "二下"时，水利部财务司根据财政部的批复，将绩效目标分解批复至各二级预算单位。

第十二条　绩效目标批复后，一般不予调整。因政策变化、突发事件等因素影响绩效目标实现而确需调整的，按照部门预算调整流程报批。

第十三条　预算执行中，水利部对二级预算单位绩效目标预期实现程度和资金运行状况开展监控。绩效监控内容包括绩效目标完成情况、预算资金执行情况、重点政策和重大项目绩效延伸监控等。通过监控，及时发现并纠正存在的问题。绩效监控结果作为以后年度预算安排和政策制定的参考。

第十四条　年度结束后，二级预算单位应在规定时间内向水利部提交试点项目、单位绩效报告和自评价报告，并按规定完成绩效自评工作。

水利部财务司会同业务主管司局对试点项目和单位开展绩效评价。水利部业务主管司局在各预算单位二级项目自评的基础上，审核、汇总形成本领域一级项目的自评结果。

第十五条　水利部部门预算绩效评价的主要依据：

（一）国家有关法律、法规和规章制度；财政部、水利部发布的相关政策和管理制度；

（二）国家及水利部正式批复的相关水利规划；

（三）相关行业政策、行业标准及专业技术规范；

（四）单位职能职责及年度工作计划；

（五）经批复的绩效目标和指标；

（六）成果、验收资料和绩效报告；

（七）财务管理制度、相关财务会计资料及审计与财务检查报告；

（八）其他相关材料。

第十六条　预算绩效评价的主要内容为：绩效目标设定和分解批复情况；资金投入、分配和使用管理情况；为实现绩效目标采取的措施；绩效目标实现程度及效果；存在问题及原因分析；其他相关内容。

已完成验收的项目应重点评价效益实现程度。

第十七条　绩效评价结果采取评分定级的方法。评分实行百分制，总分值为100分。根据得分情况将评价结果划分为四个等级：90分以上（含90分）为优，80~90分（含80分）为良，60~80分（含60分）为中，60分以下为差。

第十八条　水利部财务司将绩效评价结果及时反馈至二级预算单位，指导整改。

将评价结果与以后年度水利部门预算资金分配挂钩。绩效评价结果同时抄送业务主管司局。

第十九条 水利部及二级预算单位应按财政部有关要求，将预算绩效评价结果在部门或单位内部公开，并逐步实现向社会公开。

第二十条 水利部部门预算绩效管理工作涉及保密事项的，按照国家及水利部保密工作有关法律规章制度执行。

第二十一条 二级预算单位可依据本办法，结合实际情况，制定实施细则。

第二十二条 本办法由水利部财务司负责解释。

第二十三条 本办法自发布之日起施行。

第 6 节

财政部关于印发《中央部门项目支出核心绩效目标和指标设置及取值指引（试行）》的通知

财政部关于印发《中央部门项目支出核心绩效目标和指标设置及取值指引（试行）》的通知

财预〔2021〕101号

有关中央预算单位：

　　为深入贯彻落实《中共中央　国务院关于全面实施预算绩效管理的意见》精神，强化工作指导，提高绩效目标管理科学化规范化标准化水平，进一步推动预算绩效管理提质增效，我们研究制定了《中央部门项目支出核心绩效目标和指标设置及取值指引（试行）》，现予印发，供各单位在预算绩效管理工作中参考试行。对执行中发现的问题，各单位要及时向财政部反馈。

附件：1.中央部门项目支出核心绩效目标和指标设置及取值指引（试行）
　　　2.中央部门本级项目支出核心绩效指标表模板

水利部

2021年8月18日

附件 1

中央部门项目支出核心绩效目标和指标设置及取值指引（试行）

为提升中央部门项目支出绩效目标编制质量，推动加强和改进绩效自评工作，根据《中央部门预算绩效目标管理办法》、《项目支出绩效评价管理办法》等规定，制定本指引。

一、绩效目标及指标设置思路和原则

本指引所指项目支出绩效目标，是指中央部门依据部门职责和事业发展要求设立并通过预算安排的项目支出，在一定期限内预期达到的产出和效果以及相应的成本控制要求。绩效目标通过具体绩效指标予以细化、量化描述。设置绩效目标遵循确定项目总目标并逐步分解的方式，确保不同层级的绩效目标和指标相互衔接、协调配套。

（一）绩效指标设置思路。

1. 确定项目绩效目标。在项目立项阶段，应明确项目总体政策目标。在此基础上，根据有关中长期工作规划、项目实施方案等，特别是与项目立项直接相关的依据文件，分析重点工作任务、需要解决的主要问题和相关财政支出的政策意图，研究明确项目的总体绩效目标，即总任务、总产出、总效益等。

2. 分解细化指标。分析、归纳总体绩效目标，明确完成的工作任务，将其分解成多个子目标，细化任务清单。根据任务内容，分析投入资源、开展活动、质量标准、成本要求、产出内容、产生效果，设置绩效指标。

3. 设置指标值。绩效指标选定后，应参考相关历史数据、行业标准、计划标准等，科学设定指标值。指标值的设定要在考虑可实现性的基础上，尽量从严、从高设定，以充分发挥绩效目标对预算编制执行的引导约束和控制作用。避免选用难以确定具体指标值、标准不明确或缺乏约束力的指标。

4. 加强指标衔接。强化一级项目绩效目标的统领性，二级项目是一级项目支出的细化和具体化，反映一级项目部分任务和效果。加强一、二级项目之间绩效指标的有机衔接，确保任务相互匹配、指标逻辑对应、数据相互支撑。经部门审核确定后的一级项目绩效目标及指标，随部门预算报财政部审核批复。二级项目绩效目标及指标，由部门负责审核。

（二）绩效指标设置原则。

1. 高度关联。绩效指标应指向明确，与支出方向、政策依据相关联，与部门职责及其事业发展规划相关，与总体绩效目标的内容直接关联。不应设置如常规性的项目管理要求等与产出、效益和成本明显无关联的指标。

2. 重点突出。绩效指标应涵盖政策目标、支出方向主体内容，应选取能体现项目主要产出和核心效果的指标，突出重点。

3. 量化易评。绩效指标应细化、量化，具有明确的评价标准，绩效指标值一般对应已有统计数据，或在成本可控的前提下，通过统计、调查、评判等便于获取。确难以量化的，可采用定性表述，但应具有可衡量性，可使用分析评级（好、一般、差）的评价方式评判。

二、绩效指标的类型和设置要求

绩效指标包括成本指标、产出指标、效益指标和满意度指标四类一级指标。原则上每一项目均应设置产出指标和效益指标。工程基建类项目和大型修缮及购置项目等应设置成本指标，并逐步推广到其他具备条件的项目。满意度指标根据实际需要选用。

（一）成本指标。

为加强成本管理和成本控制，应当设置成本指标，以反映预期提供的公共产品或服务所产生的成本。项目支出首先要强化成本的概念，加强成本效益分析。对单位成本无法拆分核算的任务，可设定分项成本控制数。对于具有负外部性的支出项目，还应选取负作用成本指标，体现相关活动对生态环境、社会公众福利等方面可能产生的负面影响，以综合衡量项目支出的整体效益。

成本指标包括经济成本指标、社会成本指标和生态环境成本指标等二级指标，分别反映项目实施产生的各方面成本的预期控制范围。

1. 经济成本指标。反映实施相关项目所产生的直接经济成本。

2.社会成本指标。反映实施相关项目对社会发展、公共福利等方面可能造成的负面影响。

3.生态环境成本指标。反映实施相关项目对自然生态环境可能造成的负面影响。

（二）产出指标。

产出指标是对预期产出的描述，包括数量指标、质量指标、时效指标等二级指标。

1.数量指标。反映预期提供的公共产品或服务数量，应根据项目活动设定相应的指标内容。数量指标应突出重点，力求以较少的指标涵盖体现主要工作内容。

2.质量指标。反映预期提供的公共产品或服务达到的标准和水平，原则上工程基建类、信息化建设类等有明确质量标准的项目应设置质量指标，如"设备故障率"、"项目竣工验收合格率"等。

3.时效指标。反映预期提供的公共产品或服务的及时程度和效率情况。设置时效指标，需确定整体完成时间。对于有时限完成要求、关键性时间节点明确的项目，还需要分解设置约束性时效指标；对于内容相对较多并且复杂的项目，可根据工作开展周期或频次设定相应指标，如"工程按时完工率"、"助学金发放周期"等。

产出指标的设置应当与主要支出方向相对应，原则上不应存在重大缺项、漏项。数量指标和质量指标原则上均需设置，时效指标根据项目实际设置，不作强制要求。

（三）效益指标。

效益指标是对预期效果的描述，包括经济效益指标、社会效益指标、生态效益指标等二级指标。

1.经济效益指标。反映相关产出对经济效益带来的影响和效果，包括相关产出在当年及以后若干年持续形成的经济效益，以及自身创造的直接经济效益和引领行业带来的间接经济效益。

2.社会效益指标。反映相关产出对社会发展带来的影响和效果，用于体现项目实施当年及以后若干年在提升治理水平、落实国家政策、推动行业发展、服务民生大众、维持社会稳定、维护社会公平正义、提高履职或服务效率等方面的效益。

3.生态效益指标。反映相关产出对自然生态环境带来的影响和效果，即对生产、生活条件和环境条件产生的有益影响和有利效果。包括相关产出在当年及以后若干年持续形成的生态效益。

对于一些特定项目，应结合管理需要确定必设指标的限定要求。如工程基建类项目和大型修缮及购置项目，考虑使用期限，必须在相关指标中明确当年及以后一段时期内预期效益发挥情况。

对于具备条件的社会效益指标和生态效益指标，应尽可能通过科学合理的方式，在予以货币化等量化反映的基础上，转列为经济效益指标，以便于进行成本效益分析比较。

（四）满意度指标。

满意度指标是对预期产出和效果的满意情况的描述，反映服务对象或项目受益人及其他相关群体的认可程度。对申报满意度指标的项目，在项目执行过程中应开展满意度调查或者其他收集满意度反馈的工作。如"展览观众满意度"、"补贴对象满意度"等。

满意度指标一般适用于直接面向社会主体及公众提供公共服务，以及其他事关群众切身利益的项目支出，其他项目根据实际情况可不设满意度指标。

三、绩效指标的具体编制

（一）绩效指标名称及解释。

1. 指标名称。指末级指标的名称，是对指标含义的简要描述，要求简洁明确、通俗易懂。如"房屋修缮面积"、"设备更新改造数量"、"验收合格率"等。

2. 指标解释。是对末级指标名称的概念性定义，反映该指标衡量的具体内容、计算方法和数据口径等。

（二）绩效指标来源。

1. 政策文件。部门和单位可以从党中央、国务院或本部门在某一个领域明确制定的目标、规划、计划、工作要求中提炼绩效指标。此类指标主要是有明确的统计口径和获取规范的统计指标，有较高数据质量和权威性。如国民经济和社会发展五年规划提出的经济社会发展主要指标、城镇调查失业率、每千人口拥有执业（助理）医师数、森林覆盖率等。

2. 部门日常工作。

（1）统计指标。此类指标在部门日常工作中约定俗成、经常使用，并且有统计数据支撑，可以作为绩效指标。

（2）部门管理（考核）指标。中央部门对下属单位、地方各类考核中明确的考核指标，可以作为绩效指标。如国家教育主管部门组织的对高校、学科、教师的考核评比等。

（3）部门工作计划和项目实施方案。中央部门对实施项目的考虑和工作安排，经规范程序履行审批手续后，可以作为绩效指标。如开展调研次数、培训人次等。

3.社会机构评比、新闻媒体报道等。具有社会公信力的非政府组织、公益机构、新闻媒体等对公共服务质量和舆论情况等长期或不定期跟踪调查，形成的具有一定权威性和公认度的指标。

4.其他参考指标。甄别使用开展重点绩效评价采用的指标、已纳入绩效指标库管理和应用的指标。

如按照上述来源难以获取适宜指标，部门应当根据工作需要科学合理创设指标。如可以立足我国管理实际，借鉴国外政府绩效管理、学术研究、管理实践等经验，合理创设相关指标。

（三）绩效指标值设定依据。

绩效指标值通常用绝对值和相对值表示，主要依据或参考计划标准、行业标准、历史标准或财政部和业务主管部门认可的其他标准进行设定。

1.计划标准。根据计划依据可再细分为国家级、中央部门级计划或要求。如党中央和国务院文件、政府工作报告、各类规划、部门正式文件、有关会议纪要提及的计划或考核要求等。

2.行业标准。包括行业国际标准、行业国家标准、行业省级标准等。如涉及工艺、技术等指标时可采用。

3.历史标准。可参考近三年绩效指标平均值、上年值、历史极值等。

4.预算支出标准。主要用于成本指标的取值，不得超出规定的预算支出标准设置目标值。

5.其他标准。其他参考数值、类似项目的情况等。

（四）绩效指标完成值取值方式。

根据绩效指标具体数值（情况）的特点、来源等明确取值方式。部门应在设置绩效指标时一并明确有关取值要求和方法。常用的方式有：

1.直接证明法。指可以根据外部权威部门出具的数据、鉴证、报告证明的方法，通常适用于常见的官方统计数据等。

2.情况统计法。指按规定口径对有关数据和情况进行清点、核实、计算、对比、

第6节 财政部关于印发《中央部门项目支出核心绩效目标和指标设置及取值指引（试行）》的通知

汇总等整理的方法。多数产出指标适用于本方法。

3. 情况说明法。对于定性指标等难以通过量化指标衡量的情况，由部门根据设置绩效目标时明确的绩效指标来源和指标值设定依据，对指标完成的程度、进度、质量等情况进行说明并证明，并依据说明对完成等次进行判断。

4. 问卷调查法。指运用统一设计的问卷向被选取的调查对象了解情况或征询意见的调查方法。一般适用于满意度调查等。部门可以根据必要性、成本和实施可行性，明确由实施单位在项目实施过程中开展。

5. 趋势判断法。指运用大数据思维，结合项目实施期总体目标，对指标历史数据进行整理、修正、分析，预判项目在全生命周期不同阶段的数据趋势。

（五）绩效指标完成值数据来源。

1. 统计部门统计数据。如 GDP、工业增加值、常住人口等。

2. 权威机构调查（统计）。如基本科学指标数据库（ESI）高校学科排名、科学引文索引（SCI）收录论文数等。

3. 部门统计年鉴。如在校学生数、基本医疗保险参保率等。

4. 部门业务统计。如培训人数、网站访问量、完成课题数、满意度等。

5. 部门业务记录。如能够反映重大文化活动、演出展览现场的音像、视频资料等。

6. 部门业务评判。如项目成效、工作效果等定性指标。

7. 问卷调查报告。如满意度等。

8. 媒体舆论。如满意度等。

9. 其他数据来源。

（六）指标分值权重。

绩效指标分值权重根据项目实际情况确定。原则上一级指标权重统一按以下方式设置：对于设置成本指标的项目，成本指标20%、产出指标40%、效益指标20%、满意度指标10%（其余10%的分值权重为预算执行率指标，编制预算时暂不设置，部门或单位开展自评时使用，下同）；对于未设置成本指标的项目，产出指标50%、效益指标30%、满意度指标10%；对于不需设置满意度指标的项目，其效益指标分值权重相应可调增10%。各指标分值权重依据指标的重要程度合理设置，在预算批复中予以明确，设立后原则上不得调整。

（七）绩效指标赋分规则。

1. 直接赋分。主要适用于进行"是"或"否"判断的单一评判指标。符合要求的得满分，不符合要求的不得分或者扣相应的分数。

2. 按照完成比例赋分，同时设置及格门槛。主要适用于量化的统计类等定量指标。具体可根据指标目标值的精细程度、数据变化区间进行设定。

预算执行率按区间赋分，并设置及格门槛。如：项目完成，且执行数控制在年度预算规模之内的，得10分；项目尚未完成，预算执行率小于100%且大于等于80%的得7分，预算执行率小于80%且大于等于60%的得5分，预算执行率小于60%的不得分。

其他定量指标按比例赋分，并设置及格门槛。如：完成率小于60%为不及格，不得分；大于等于60%的，按超过的比重赋分，计算公式为：得分＝（实际完成率–60%）/（1–60%）×指标分值。

3. 按评判等级赋分。主要适用于情况说明类的定性指标。分为基本达成目标、部分实现目标、实现目标程度较低三个档次，并分别按照该指标对应分值区间100%～80%（含）、80%～60%（含）、60%～0%合理确定分值。

4. 满意度赋分。适用于对服务对象、受益群体的满意程度询问调查，一般按照区间进行赋分。如：满意度大于等于90%的得10分，满意小于90%且大于等于80%的得8分，满意度小于80%且大于等于60%的得5分，满意度小于60%不得分。

（八）绩效指标佐证资料要求。

按照数据来源提供对应的佐证材料。主要包括以下类型：

1. 正式资料。统计年鉴、文件、证书、专业机构意见（标准文书）等。

2. 工作资料。部门总结、统计报表、部门内部签报、专家论证意见、满意度调查报告、相关业务资料等。对于过程性资料，部门和单位应当在项目实施过程中及时保存整理。

3. 原始凭证。预决算报表、财务账、资产账、合同、签到表、验收凭证、网站截屏等。

4. 说明材料。针对确无直接佐证材料或者综合性的内容，由相关单位、人员出具正式的说明。

中央部门应当按照上述指引设置和使用项目支出核心绩效目标和指标，并可在指引原则范围内，根据部门实际组织部门本级和所属单位进一步细化指引内容，制定操作细则，规范有序提升绩效目标编制和评价工作质量。

财政部关于印发《中央部门项目支出核心绩效目标和指标设置及取值指引（试行）》的通知

附件 2

中央部门本级项目支出核心绩效指标表填模板

绩效指标			指标取值规范						自评规范			备注
一级指标	二级指标	三级指标（末级）	末级指标解释	计划指标值	历史值	上年自评值	指标值设定依据	计算公式	取值方式	指标完成值数据来源	指标分值权重	赋分规则	佐证资料要求	
1	2	3	4	5	6	7	8	9	10	11	12	13	14	15

备注：1. 指标值设定依据、取值方式、指标分值权重、赋分规则、佐证资料要求，指标完成值数据来源、指标分值权重、赋分规则、佐证资料要求的填报要求和说明，分别详见《中央部门项目支出核心绩效目标和指标设置及取值指引（试行）》"三、绩效指标设置依据"、"（四）绩效指标取值方式"、"（五）绩效指标完成值数据来源"、"（六）指标分值权重"、"（七）绩效指标赋分规则"、"（八）绩效指标佐证资料要求"。

2. 计算公式指绩效指标值的计算公式，如"调查满意度＝调查满意人数/调查总人数"。

第 7 节

水利部关于印发《水利部部门预算绩效管理工作考核暂行办法》的通知

第7节
水利部关于印发《水利部部门预算绩效管理工作考核暂行办法》的通知

水利部关于印发《水利部部门预算绩效管理工作考核暂行办法》的通知

水财务〔2021〕308号

部直属各单位：

为贯彻落实党中央、国务院关于全面实施预算绩效管理的要求，完善我部预算绩效管理制度，压实各单位管理责任，切实发挥绩效管理对于提升预算管理效能、优化资金支出结构、保障资金安全的作用，我部组织起草了《水利部部门预算绩效管理工作考核暂行办法》。现予以印发，请遵照执行。

水利部

2021年10月15日

水利部部门预算绩效管理工作考核暂行办法

第一章 总 则

第一条 为推动和引导全面实施预算绩效管理各项工作落实，根据《中共中央 国务院关于全面实施预算绩效管理的意见》《水利部部门预算绩效管理暂行办法》等有关制度规定，制定本办法。

第二条 本办法的考核对象是水利部直属二级预算单位（以下简称二级预算单位）。

第三条 预算绩效管理工作考核遵循全面覆盖、突出重点、结果导向、公正公开的原则。

第二章 考 核 内 容

第四条 考核内容包括预算绩效管理的基础工作、目标管理、质量控制、结果应用和工作推进情况。

第五条 考核实行百分制，其中基础工作12分、目标管理15分、质量控制45分、结果应用18分、工作推进10分。

第六条 基础工作（12分）。包括二级预算单位落实全面实施预算绩效管理的组织保障、制度建设、指标体系建设、宣传培训等4个方面。

（一）组织保障（4分）。建立健全单位内部预算绩效管理组织领导机制的，得2分；明确预算绩效管理职责，并指定专人负责的，得2分。

（二）制度建设情况（4分）。制定本单位绩效管理工作制度的，得2分；根据年度绩效工作管理要求制定年度工作方案的，得2分。

（三）指标体系建设情况（2分）。制定本单位整体支出或项目支出个性绩效指标体系的，得1分；根据实际情况动态调整完善个性绩效指标的，得1分。

（四）宣传培训（2分）。

1. 绩效管理宣传情况（1分）。利用各种媒体宣传预算绩效管理工作，创造良好社会氛围的，每篇0.25分。本项最多1分。

2. 绩效管理培训情况（1分）。参加水利部或举办本单位预算绩效管理培训、工作会议等的，每次0.5分。本项最多1分。

第七条 目标管理（15分）。包括二级预算单位预算绩效管理的报送时效和覆盖范围等2个方面。

（一）报送时效（6分）

1. 绩效目标编报完成时效（2分）。在规定时间内编制绩效目标，并将绩效目标报送水利部的，得2分；每逾期1天扣0.5分，扣完为止。

2. 绩效监控完成时效（2分）。在规定时间内完成绩效监控，并将监控结果报送水利部的，得2分；每逾期1天扣0.5分，扣完为止。

3. 绩效自评完成时效（2分）。在规定时间内完成绩效自评，并将评价结果报送水利部的，得2分；每逾期1天扣0.5分，扣完为止。

（二）覆盖范围（9分）

1. 绩效目标覆盖范围（3分）。按照填报绩效目标的预算项目支出金额占单位预算项目支出总额的比例计算。

得分=（填报绩效目标的预算项目支出金额/单位预算项目支出总额）×3。

2. 绩效监控覆盖范围（3分）。按照开展绩效监控的预算项目支出金额占单位预算项目支出总额的比例计算。

得分=（开展绩效监控的预算项目支出金额/单位预算项目支出总额）×3。

3. 绩效自评覆盖范围（3分）。按照开展绩效自评的项目支出金额占单位预算项目支出总额的比例计算。

得分=（开展绩效自评的项目支出金额/单位预算项目支出金额）×3。

第八条 质量控制（45分）。包括绩效目标、监控、自评质量以及查出问题情况等4个方面。

（一）绩效目标质量（10分）

1. 绩效目标完整性（2分）。绩效目标符合规定的格式要求、内容完整的，得2分。否则，酌情扣分。

2. 绩效目标合理性（4分）。绩效目标符合项目特点的，得2分；绩效目标描述清晰明确的，得2分。否则，酌情扣分。

3. 绩效指标设置情况（4分）。按照水利部共性指标体系框架申报绩效指标的，得2分；个性指标设置内涵明确、具体、可衡量的，得2分。否则，酌情扣分。

（二）绩效监控质量（7分）

1. 监控报告规范性情况（3分）。绩效监控报告格式规范、内容完整的，得1分；分析合理深入且针对性强的，得2分。

2. 监控结果及整改情况（4分）。绩效监控情况良好的，得4分；监控中发现问题能采取措施及时纠偏止损的，得2分；否则得0分。

（三）绩效自评质量（8分）

1. 自评报告规范性情况（2分）。绩效自评报告格式规范、内容完整的，得1分；分析合理深入且针对性强的，得1分。

2. 自评结果真实性情况（4分）。绩效自评结果真实、数据准确的，得4分；绩效自评结果不真实、不准确的，每发现1处扣0.5分，扣完为止。

3. 绩效自评结果与目标偏离情况（2分）。按照二级项目绩效自评结果未发生严重偏离的项目数量占项目总数的比例计算。

得分 =[二级项目绩效自评结果未发生严重偏离（严重偏离原则上以定量绩效指标完成值不足或超过目标值40%、定性绩效指标发生严重偏离为判定标准）的项目数量 / 二级项目数量总数]×2。

（四）检查发现绩效问题情况（20分）

1. 预算执行情况（4分）。当年预算执行考核中得分85分（含）以上的，得4分；低于85分的，不得分。

2. 项目支出结转情况（2分）。二级项目结转资金占该项目年度预算金额30%以上的，发现1个扣2分。

3. 预计结转资金准确率情况（2分）。单位编入年初预算的结转资金总规模与决算实际结转资金规模的差异率≤10%，得2分；差异率>10%，不得分。

4. 财政评审情况（2分）。项目预算审减率≤10%的，得2分；10%<审减率≤20%，得1分；审减率>20%，不得分。

5. 审计发现绩效问题情况（5分）。在审计中未发现绩效问题的，得5分；每发现1个问题扣1分，扣完为止。

6. 其他检查查出问题情况（5分）。在巡视、财务检查中未发现有关绩效问题的，得5分；每发现1个问题扣1分，扣完为止。

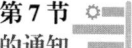

第九条 结果应用（18分）。包括二级预算单位绩效评价结果、问题整改情况及应用方式等3个方面。

（一）绩效评价结果情况（4分）。按照各等次评价结果项目数占项目总数比例计算。

得分＝（评价等级为优的二级项目数量/二级项目数量总数）×4+（评价等级为良的二级项目数量/二级项目数量总数）×3+（评价等级为中或差的二级项目数量/二级项目数量总数）×0。纳入部门试点绩效评价范围的项目评价结果以水利部评价结果为准，其余以单位自评结果为准。

（二）绩效评价整改情况（4分）。评价未发现问题不需整改的，得4分；发现问题整改措施到位的，得1分；否则不得分。

（三）评价结果应用情况（10分）。建立绩效问责机制的，得2分；评价结果向社会或单位内部公开的，得2分；建立评价结果与预算挂钩机制，将评价结果与所属预算单位预算安排相结合的，得6分。

第十条 工作推进（10分）。包括二级预算单位绩效管理过程中的信息报送、工作创新等2个方面。

（一）信息报送情况（2分）。积极向水利部报送绩效工作进展、反馈意见和建议、课题研究成果等信息的，得2分。

（二）工作创新情况（8分）。开展单位整体支出绩效评价试点的，得2分；结合预算评审等，对项目支出开展事前绩效评估的，得2分；开展项目支出中期绩效评价的，得2分；开展如委托第三方机构参与绩效评价等其他创新工作的，得2分。

第三章 考核程序和方法

第十一条 预算绩效管理工作考核实行年度考核制，由水利部财务司负责组织实施。

第十二条 自我考评。每年度终了，各二级预算单位对本单位本年度预算绩效管理工作进行总结，对照《水利部部门预算绩效管理工作考核评分表》进行自评打分，于次年4月底前将考评材料报送水利部。考评材料主要包括以下内容：

（一）年度预算绩效管理工作总结，工作总结需包括年度内预算绩效管理工作开展情况、取得的成效、存在的问题、下一步工作措施及相关建议等内容。

（二）预算绩效管理工作考核评分表，对照评分标准和内容，填报《水利部部门预算绩效管理工作考核评分表》。

（三）佐证材料，包括考评相关佐证材料目录及内容，有关数字口径的解释或说明，其他需要补充或说明的内容等，未提供必要佐证材料的，相应考核内容不予得分。

各二级预算单位对自我考评情况及相关佐证材料、数据信息材料的真实性负责。

第十三条 水利部财务司复评。水利部财务司结合日常工作中掌握的情况，以及财政部、审计署等部门反馈的有关绩效监管情况，对二级预算单位上报的自评打分、佐证材料等组织进行复评，并在此基础上形成考核结果。凡发现上报材料存在弄虚作假的，取消考核资格并通报批评。

第四章 结 果 应 用

第十四条 实行预算绩效管理工作考核通报制度。预算绩效管理工作考核完成后，水利部通报考核结果。

第十五条 预算绩效管理工作考核结果与二级预算单位的预算安排挂钩。

各二级预算单位绩效评价等级为"差"且整改不到位的项目，原则上下一年不再安排该项目的预算，为"中"且整改不到位的项目，根据情况适当调减项目预算。

第十六条 水利部对考核结果靠前的二级预算单位通过适当方式给予表扬和激励。

第五章 附 则

第十七条 各二级预算单位可依据本办法并结合单位实际制定考核办法，对所属单位进行考核。

第十八条 本办法由水利部财务司负责解释。

第十九条 本办法自 2022 年 1 月 1 日起施行。

附件

水利部部门预算绩效管理工作考核评分表
（20XX年度）

单位：

考核内容	分值	计分标准	评定依据及简要说明（包括计算过程）	自评分数	评定分数	备注
一、基础工作	12					
（一）组织保障（4）	4	1.建立健全单位内部预算绩效管理组织领导机制的，得2分；明确预算绩效管理职责，并指定专人负责的，得2分	请简要说明具体情况			
（二）制度建设（4）	4	2.制定本单位绩效管理工作制度的，得2分；根据年度绩效工作管理要求制定年度工作方案的，得2分	请简要说明具体情况			
（三）指标体系建设（2）	1	3.制定本单位整体支出或项目支出个性绩效指标体系的，得1分	请简要说明具体情况			
	1	4.根据实际情况动态调整完善个性绩效指标的，得1分	请简要说明具体情况			
（四）宣传培训（2）	1	5.利用各种媒体宣传预算绩效管理工作，创造良好社会氛围的，每篇0.25分。本项最多1分	请填写宣传文章题目及出处			
	1	6.参加水利部或举办本单位预算绩效管理培训、工作会议等，每次0.5分。本项最多1分	请填写具体情况，如培训或会议通知及文号等			
二、目标管理	15					
（一）报送时效（6）	2	1.在规定时间内编制绩效目标，并将绩效目标报送水利部的，得2分；每逾期1天扣0.5分，扣完为止	请简要说明具体情况			
	2	2.在规定时间内完成绩效监控，并将监控结果报送水利部的，得2分；每逾期1天扣0.5分，扣完为止	请简要说明具体情况			
	2	3.在规定时间内完成绩效自评，并将评价结果报送水利部的，得2分；每逾期1天扣0.5分，扣完为止	请简要说明具体情况			

续表

考核内容	分值	计分标准	评定依据及简要说明（包括计算过程）	自评分数	评定分数	备注
（二）覆盖范围（9）	3	4.绩效目标覆盖范围，得分＝（填报绩效目标的预算项目支出金额/单位预算项目支出总额）×3	请填写具体数值、详细计算公式和过程			
	3	5.绩效监控覆盖范围，得分＝（开展绩效监控的预算项目支出金额/单位预算项目支出总额）×3	请填写具体数值、详细计算公式和过程			
	3	6.绩效自评覆盖范围，得分＝（开展绩效自评的预算项目支出金额/单位预算项目支出金额）×3	请填写具体数值、详细计算公式和过程			
三、质量控制	45					
（一）绩效目标（10）	2	1.绩效目标符合规定的格式要求、内容完整的，得2分。否则，酌情扣分	请简要说明具体情况			
	4	2.绩效目标符合项目特点的，得2分；绩效目标描述清晰明确的，得2分。否则，酌情扣分	请简要说明具体情况			
	4	3.按照水利部共性指标体系框架申报绩效指标的，得2分；个性指标设置内涵明确、具体、可衡量的，得2分。否则，酌情扣分	请简要说明具体情况			
（二）绩效监控（7）	3	4.绩效监控报告格式规范、内容完整的，得1分；分析合理深入且针对性强的，得2分	请简要说明具体情况			
	4	5.绩效监控情况良好的，得4分；监控中发现问题能采取措施及时纠偏止损的，得2分；否则得0分	请简要说明具体情况			
（三）绩效自评（8）	2	6.绩效自评报告格式规范、内容完整的，得1分；分析合理深入且针对性强的，得1分	请简要说明具体情况			
	4	7.绩效自评结果真实、数据准确的，得4分；绩效自评结果不真实、不准确的，每发现1处扣0.5分，扣完为止	请简要说明具体情况			

续表

考核内容	分值	计分标准	评定依据及简要说明（包括计算过程）	自评分数	评定分数	备注
（三）绩效自评（8）	2	8.二级项目绩效自评结果与绩效目标的偏离程度，得分＝[二级项目绩效自评结果未发生严重偏离（严重偏离原则上以定量绩效指标完成值不足或超过目标值40%、定性绩效指标发生严重偏离为判定标准）的项目数量/二级项目数量总数]×2	请填写具体数值、详细计算公式和过程			
（四）查出问题情况（20）	4	9.预算执行情况，当年预算执行考核中得分85分及以上的，得4分；得分低于85分的，不得分	请简要说明具体情况			
	2	10.预算项目支出结转情况，二级项目结转资金占该项目年度预算金额30%以上的，发现1个扣2分	请简要说明具体情况			
	2	11.预计结转资金准确率情况，单位编入年初预算的结转资金总规模与决算实际结转资金规模的差异率≤0%，得2分；差异率>10%，不得分	请简要说明具体情况			
	2	12.财政部评审机构或属地监管局项目评审情况，项目预算审减率≤10%，得2分；10%<审减率≤20%，得1分；审减率>20%，不得分	请简要说明具体情况			
	5	13.审计中发现绩效问题情况，未发现问题的，得5分；每发现1个问题扣1分，扣完为止	请简要说明具体情况			
	5	14.巡视、资金检查等其他各类专项检查中发现绩效问题情况，未发现问题的，得5分；每发现1个问题扣分，扣完为止	请简要说明具体情况			
四、结果应用	18					

续表

考核内容	分值	计分标准	评定依据及简要说明（包括计算过程）	自评分数	评定分数	备注
（一）评价结果（6）	6	1.绩效评价结果情况，得分＝（评价等级为优的二级项目数量/二级项目数量总数）×6+（评价等级为良的二级项目数量/二级项目数量总数）×3+（评价等级为中或差的二级项目数量/二级项目数量总数）×0。纳入部门试点绩效评价范围的项目评价结果以水利部评价结果为准，其余以单位自评结果为准	请填写具体数值、详细计算公式和过程			
（二）整改情况（4）	4	2.评价未发现问题不需整改的，得4分；发现问题整改措施到位的，得1分；否则不得分	请简要说明具体情况			
（三）应用方式（8）	2	3.建立绩效问责机制的，得2分	请简要说明具体情况			
	2	4.评价结果向社会或单位内部公开的，得2分	请简要说明具体情况			
	4	5.建立评价结果与预算挂钩机制，将评价结果与所属预算单位预算安排相结合的，得4分	请简要说明具体情况			
五、工作推进	10					
（一）信息报送（2）	2	1.积极向水利部报送绩效工作进展、反馈意见和建议、课题研究成果等信息的，得2分	请简要说明具体情况			
（二）工作创新（8）	2	2.开展单位整体支出绩效评价试点的，得2分	请简要说明具体情况			
	2	3.结合预算评审等，对项目支出开展事前绩效评估的，得2分	请简要说明具体情况			
	2	4.开展项目支出中期绩效评价的，得2分	请简要说明具体情况			
	2	5.开展如委托第三方机构参与绩效评价等其他创新工作的，每项2分，最高得2分	请简要说明具体情况			
合计	100					

填报人：　　　　　　联系电话：

第 8 节

水利部财务司关于印发《水利部重点二级项目预算绩效共性指标体系框架（2021版）》的通知

水利部财务司关于印发《水利部重点二级项目预算绩效共性指标体系框架（2021版）》的通知

财务预〔2021〕115号

部机关各司局，部直属各单位：

为深入贯彻落实《中共中央　国务院关于全面实施预算绩效管理的意见》，根据《财政部关于印发中央部门项目支出核心绩效目标和指引设置及取值指引（试行）的通知》（财预〔2021〕101号）等文件要求，结合水利工作实际，我们修订完善了《水利部重点二级项目预算绩效共性指标体系框架（2021版）》[以下简称《体系框架（2021版）》]。现印发给你们，请遵照执行。具体要求如下：

一、高度重视

各单位要精心组织，强化预算绩效共性指标体系应用。结合项目实际，以《体系框架（2021版）》为依据填报2022年"二上"预算共性绩效指标，同时根据本单位的实际情况及时完善个性指标和指标值，指标设置应尽可能做到科学合理、量化可靠，以进一步提高填报质量，提升预算绩效管理水平。

二、规范应用

在填报2022年部门预算时，要根据实际选用《体系框架（2021版）》内设置的共性指标，不得擅自改动共性指标内容。指标值为数字型的，只填写阿拉伯数字，不得填写其他文字或符号；指标值为文字型的，只填写体系框架指标值所列内容。

三、及时沟通

在《体系框架（2021版）》应用过程中，如有相关问题，请及时反馈。

联系人：薛万云

联系电话：010-63203119

电子邮箱：yschu@mwr.gov.cn

附件：水利部重点二级项目预算绩效共性指标体系框架（2021版）

水利部财务司

2021年11月22日

第8部分 制度文件

附件

水利部重点二级项目预算绩效共性指标体系框架
（2021 版）

2021 年 11 月

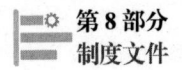

第8节

水利部财务司关于印发《水利部重点二级项目预算绩效共性指标体系框架（2021版）》的通知

部门专用二级项目共性绩效目标表
（XXXX年度）

项目名称			防汛业务费		
主管部门及代码	××	实施单位	××		
项目资金/万元	年度资金总额		××		执行率分值（10）
	其中：财政拨款		××		
	上年结转		××		
	其他资金		××		
年度总体目标	目标1：密切关注水情发展，及时发出预警作出工作部署； 目标2：组织编制实施重要江河湖泊和重要水工程调度方案，提高洪涝灾害防御能力； 目标3：做好水库水电站调度运用监管，保障水库度汛安全； 目标4：做好基础性研究为防汛抢险提供技术支撑； 目标5：检查、指导、支持有关地方和部门做好水旱灾害防御工作 ……				
绩效指标	一级指标	二级指标	三级指标	指标值	分值权重（90）
	产出指标	数量指标	汛期值班比（汛期值班天数/汛期天数≥××%）	××	50
			宣传次数（≥××次）	××	
			编制、修订、审批调度运行方案等数量（≥××份）	××	
			防汛督察组、工作组、专家组现场检查指导人次（≥××人次）	××	
			起草报送总结、报告、信息等份数（≥××份）	××	
			……		
		质量指标	重大信息准确率（≥××%）	××	
			……		
		时效指标	发布工作部署信息情况	汛情发生24小时内	
			水情信息报水利部（≤××分钟）	××	
			……		

续表

一级指标	二级指标	三级指标	指标值	分值权重（90）
效益指标	社会效益指标	保障水利工程完整及安全运行	发生工程设计标准内洪水不受严重影响	30
		……		
	可持续影响指标	通过业务能力培训，提高业务水平，加强队伍建设，推进水利事业可持续发展，培训人次(≥××人次)	××	
		……		
满意度指标	服务对象满意度指标	地方相关单位（部门）满意度（≥××%）	××	10
		培训学员满意度（≥××%）	××	
		上级主管部门满意度（≥××%）	××	
		……		

绩效指标（左侧跨越效益指标和满意度指标行）

第8节

水利部财务司关于印发《水利部重点二级项目预算绩效共性指标体系框架（2021版）》的通知

部门专用二级项目共性绩效目标表
（XXXX年度）

项目名称			抗旱业务费		
主管部门及代码	××	实施单位	××		
项目资金/万元	年度资金总额		××		执行率分值（10）
	其中：财政拨款		××		
	上年结转		××		
	其他资金		××		
年度总体目标	目标1：掌握全国旱情发展动态，组织、指导、协调水利抗旱减灾工作； 目标2：提升防御旱灾能力，通过实施抗旱水量应急调度等措施，保障城乡供水安全，最大限度减轻旱灾损失，改善重点生态脆弱区生态环境恶化态势； 目标3：推动旱灾防御基础工作进步 ……				
绩效指标	一级指标	二级指标	三级指标	指标值	分值权重（90）
	产出指标	数量指标	组织编制、修订、审批水量应急调度方案等数量（≥××份）	××	50
			组织抗旱工作组、专家组现场检查指导人次（≥××人次）	××	
			编写旱情抗旱工作总结、报告、简报、信息等份数（≥××份）	××	
			报送旱情阶段性分析材料（≥××份）	××	
			……		
		质量指标	重大信息准确率（≥××%）	××	
		时效指标	收集、整理、汇总旱情及抗旱工作信息（≥××次/周） ……	××	
	效益指标	社会效益指标	应对不当造成干旱灾害事件危害扩大个数（≤××个）	××	30
			通过水工程调度、兴建临时抗旱水源设施等抗旱措施确保干旱期间城乡居民基本生活用水需求	保障旱区居民基本生活用水量［北方≥20L/（人·天），南方≥35L/（人·天）］	
			……		
		生态效益指标	改善重点生态脆弱区生态环境恶化态势 ……	应上级部署或地方请求开展调水工作	
	满意度指标	服务对象满意度指标	地方相关单位（部门）满意度（≥××%）	××	10
			上级主管部门满意度（≥××%） ……	××	

部门专用二级项目共性绩效目标表
（XXXX年度）

<table>
<tr><td colspan="2">项目名称</td><td colspan="3">防汛工程设施修复</td><td></td></tr>
<tr><td colspan="2">主管部门及代码</td><td>××</td><td>实施单位</td><td colspan="2">××</td></tr>
<tr><td rowspan="4">项目资金/万元</td><td>年度资金总额</td><td colspan="3">××</td><td rowspan="4">执行率分值（10）</td></tr>
<tr><td>其中：财政拨款</td><td colspan="3">××</td></tr>
<tr><td>上年结转</td><td colspan="3">××</td></tr>
<tr><td>其他资金</td><td colspan="3">××</td></tr>
<tr><td colspan="2">年度总体目标</td><td colspan="4">目标1：对防汛工程设施进行修复；
目标2：对水文测报设施设备和通信设施设备等进行修复；
目标3：通过项目实施，及时修复防汛工程，恢复工程抗洪能力，消除工程安全隐患，确保汛期工程安全度汛，确保水文业务工作的正常开展，最大限度地发挥工程效益，使人民生命财产安全得到有效保障，为国民经济发展和社会稳定提供支撑
……</td></tr>
<tr><td rowspan="17">绩效指标</td><td>一级指标</td><td>二级指标</td><td>三级指标</td><td>指标值</td><td>分值权重（90）</td></tr>
<tr><td rowspan="2">成本指标</td><td rowspan="2">经济成本指标</td><td>工程类内容不超过相关定额标准</td><td>符合定额标准</td><td rowspan="2">20</td></tr>
<tr><td>……</td><td></td></tr>
<tr><td rowspan="14">产出指标</td><td rowspan="7">数量指标</td><td>人工（××工日）</td><td>××</td><td rowspan="14">40</td></tr>
<tr><td>机械台时（××台时）</td><td>××</td></tr>
<tr><td>防洪工程修复数量（××处）</td><td>××</td></tr>
<tr><td>防汛通讯设施修复数量（××套）</td><td>××</td></tr>
<tr><td>水文测报设施修复数量（××处）</td><td>××</td></tr>
<tr><td>土石方工程（××立方米）</td><td>××</td></tr>
<tr><td>……</td><td></td></tr>
<tr><td rowspan="4">质量指标</td><td>工程施工设计标准</td><td>符合规范</td></tr>
<tr><td>工程施工监理</td><td>符合规范</td></tr>
<tr><td>工程施工验收</td><td>通过验收</td></tr>
<tr><td>……</td><td></td></tr>
<tr><td rowspan="2">时效指标</td><td>项目按时完成率（≥××%）</td><td>××</td></tr>
<tr><td>……</td><td></td></tr>
</table>

第8节 水利部财务司关于印发《水利部重点二级项目预算绩效共性指标体系框架（2021版）》的通知

续表

一级指标	二级指标	三级指标	指标值	分值权重（90）
绩效指标	效益指标	经济效益指标	保障工程安全度汛	发生工程设计标准内洪水不受严重影响	20
			促进区域经济社会发展	发生工程设计标准内洪水不受严重影响	
			……		
		社会效益指标	保障水利工程完整及安全运行	发生工程设计标准内洪水不受严重影响	
			……		
		生态效益指标	促进流域生态和谐发展	发生工程设计标准内洪水不受严重影响	
			……		
		可持续影响指标	为国民经济持续健康发展和社会稳定提供安全保障	发生工程设计标准内洪水不受严重影响	
			……		
	满意度指标	服务对象满意度指标	地方相关单位（部门）满意度（≥××%）	××	10
			上级管理部门满意度（≥××%）	××	
			……		

241

部门专用二级项目共性绩效目标表
（XXXX 年度）

项目名称			水资源节约		
主管部门及代码	××	实施单位	××		
项目资金/万元	年度资金总额：		××		执行率分值（10）
	其中：财政拨款		××		
	上年结转		××		
	其他资金		××		
年度总体目标	目标1：推进节水型社会建设，提高全社会用水效率和效益，培育全社会节水意识； 目标2：加大节水监督考核力度，促进节水减排，促进经济社会可持续发展； 目标3：推动将非常规水源纳入水资源统一配置，提高非常规水源利用率，保障供水安全……				
绩效指标	一级指标	二级指标	三级指标	指标值	分值权重（90）
	产出指标	数量指标	用水定额评估成果数量（××份）	××	50
			计划用水管理成果数量（××份）	××	
			相关政策文件拟定数量（××份）	××	
			开展节水评价项目数量（××个）	××	
			调研次数（≥××次）	××	
			派出检查组数量（≥××次）	××	
			项目成果报告（含调研报告、研究报告、检查报告、月度报告、评估或评价报告、分析报告、工作总结报告、专题年度报告等）数量（××份）	××	
			达到节水型社会标准县（区）级行政区数量（≥××个）	××	
			……		
		质量指标	成果报告验收通过率（≥××%）	××	
			培训合格率（≥××%）	××	
			……		
		时效指标	项目按时完成率（≥××%）	××	
			……		
	效益指标	社会效益指标	通过开展节水宣传，提高公众节水意识。发布节水宣传报道数量（≥××篇幅）	××	30
			……		
		可持续影响指标	通过业务培训，提升职工业务能力，推进水利工作可持续发展。业务培训人次（≥××人次）	××	
			……		
	满意度指标	服务对象满意度指标	培训人员满意度（≥××%）	××	10
			各级人民政府水行政主管部门满意度（≥××%）	××	
			……		

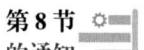

第8节 水利部财务司关于印发《水利部重点二级项目预算绩效共性指标体系框架（2021版）》的通知

部门专用二级项目共性绩效目标表
（XXXX年度）

项目名称		水资源监管			
主管部门及代码	××	实施单位	××		
项目资金/万元	年度资金总额：	××			执行率分值（10）
	其中：财政拨款	××			
	上年结转	××			
	其他资金	××			
年度总体目标	目标1：开展跨省重要河流水量分配组织与实施，为落实流域区域用水总量提供支撑； 目标2：开展水资源论证和取水许可管理，强化取水口监管，纠正违规取水行为； 目标3：规范水源地管理，完成年度全国重要饮用水水源地安全保障达标建设评估； 目标4：完成最严格水资源管理制度考核，促进流域内水资源管理能力提升 ……				
绩效指标	一级指标	二级指标	三级指标	指标值	分值权重（90）
	产出指标	数量指标	对符合条件的取水许可申请书的受理审批率（≥××%）	××	50
			每年流域管理机构管取用水户取水许可监督检查比率（≥××%）	××	
			重点饮用水水源地监督检查数量占安全达标评估水源地总数量比例（≥××%）	××	
			开展最严格水资源管理制度考核的省区（××个）	××	
			水资源监督巡查次数（≥××次）	××	
			项目成果报告（含调研报告、研究报告、检查报告、评估或评价报告、工作总结报告等）数量（≥××份）	××	
			业务培训人次（≥××人次）	××	
			完成跨省江河数量分配的河流数量（××个）	××	
			……		
		质量指标	取水许可审查、批复，取水工程核验、换发证合规率（≥××%）	××	
			成果报告验收通过率（≥××%）	××	
			……		
		时效指标	对符合条件的取水工程核验、换发证比率（≥××%）	××	
			……		

243

续表

一级指标	二级指标	三级指标	指标值	分值权重（90）
绩效指标	效益指标	社会效益指标	社会公众对水源地保护的关注程度	保护区划定、标识设立基本完成	30
			抽查的全国重要饮用水水源地年度供水保证率（≥××%）	××	
			……		
		生态效益指标	批复的水量分配方案实施效果	较好	
			全国重要饮用水水源地水质达标率（≥××%）	××	
			……		
	满意度指标	服务对象满意度指标	申请人对取水许可管理服务的满意度（≥××%）	××	10
			取用水人对于水资源监管工作的满意度（≥××%）	××	
			……		

水利部财务司关于印发《水利部重点二级项目预算绩效共性指标体系框架（2021版）》的通知

部门专用二级项目共性绩效目标表
（XXXX年度）

项目名称			水资源保护		
主管部门及代码	××	实施单位	××		
项目资金/万元	年度资金总额：		××		执行率分值（10）
	其中：财政拨款		××		
	上年结转		××		
	其他资金		××		
年度总体目标	目标1：编制重点河湖生态流量保障方案，组织实施生态流量保障监督管理，保障河湖生态流量； 目标2：完善重要河湖健康评估调查监测体系，开展流域内河湖健康评估，维护河湖健康； 目标3：对重点地区地下水水资源及超采状况进行动态分析，编制年度报告或评价指标体系，规范地下水管理 ……				
绩效指标	一级指标	二级指标	三级指标	指标值	分值权重（90）
	产出指标	数量指标	监测断面数量（全国重要饮用水水源地/跨流域调水断面）（××个）	××	50
			制定生态流量保障实施方案的跨省河湖数量（××个）	××	
			……		
		质量指标	地下水监测信息上报率（≥××%）	××	
			成果报告验收通过率（≥××%）	××	
			……		
		时效指标	项目按时完成率（≥××%）	××	
			……		
	效益指标	社会效益指标	推动河湖健康发展	明显	30
			推动超采区地下水开采量逐步降低	明显	
			……		
		生态效益指标	已确定的重点河湖生态流量（水量）目标保障情况	较好	
			……		
	满意度指标	服务对象满意度指标	社会公众对水资源保护的满意度（≥××%）	××	10
			……		

部门专用二级项目共性绩效目标表
（XXXX 年度）

项目名称			水资源配置		
主管部门及代码	××	实施单位	××		
项目资金/万元	年度资金总额：		××		执行率分值（10）
	其中：财政拨款		××		
	上年结转		××		
	其他资金		××		
年度总体目标	目标 1：开展跨省重要河流水量分配组织与实施，各省区市用水总量指标按流域分解，为实现流域用水总量控制提供支撑； 目标 2：建立健全水资源优化配置技术体系和政策制度体系，完善水资源承载能力评价机制，促进流域水资源综合开发利用 ……				
绩效指标	一级指标	二级指标	三级指标	指标值	分值权重（90）
	产出指标	数量指标	水量分配方案编制/审查/修改完善数量（××个）	××	50
			开展流域、区域水资源承载能力评价单元个数（××个）	××	
			项目成果报告（含调研报告、研究报告、检查报告、月度报告、评估或评价报告、分析报告、工作总结报告、专题年度报告等）数量（××份）	××	
			……		
		质量指标	成果报告验收通过率（≥××%）	××	
			技术方案、工作方案等编制要求	规范完整，满足水利部编制要求	
			……		
	效益指标	社会效益指标	促进水资源优化配置	有效	40
			提升水资源承载能力	明显	
			……		
		生态效益指标	改善水生态环境	显著	
			……		

水利部财务司关于印发《水利部重点二级项目预算绩效共性指标体系框架（2021版）》的通知

部门专用二级项目共性绩效目标表
（XXXX年度）

项目名称			管理基础工作		
主管部门及代码	××	实施单位	××		
项目资金/万元	年度资金总额：		××		执行率分值（10）
	其中：财政拨款		××		
	上年结转		××		
	其他资金		××		
年度总体目标	目标1：参与指导流域内用水统计管理，开展相关省区统计数据复核和监督检查，为最严格水资源管理制度考核提供支撑； 目标2：完成《中国水资源公报》《水资源管理年报》，支撑最严格水资源管理制度工作； 目标3：做好水资源税改革试点跟踪、评估，为完善水资源税改革试点制度体系提供依据； 目标4：加大水资源管理领域宣传 ……				
绩效指标	一级指标	二级指标	三级指标	指标值	分值权重（90）
	产出指标	数量指标	中国水资源公报（××份）	××	50
			水资源管理年报（××份）	××	
			开展流域内省区用水总量统计复核监督检查次数（××人次）	××	
			水资源管理宣传次数/册数（××次/××册）	××/××	
			项目成果报告（含调研报告、研究报告、检查报告、月度报告、评估或评价报告、分析报告、工作总结报告、专题年度报告等）数量（××份）	××	
			……		
		质量指标	成果报告验收通过率（≥××%）	××	
			技术方案、工作方案等编制要求	规范完整，满足水利部编制要求	
			……		
		时效指标	项目按时完成率（≥××%）	××	
			……		
	效益指标	社会效益指标	提高用水总量控制水平	有效	40
			公报、年报成果的应用	较好	
		生态效益指标	改善水生态环境	显著	
			……		

部门专用二级项目共性绩效目标表
（XXXX年度）

项目名称			水资源调度		
主管部门及代码	××	实施单位	××		
项目资金/万元	年度资金总额：		××		执行率分值（10）
	其中：财政拨款		××		
	上年结转		××		
	其他资金		××		
年度总体目标	目标1：编制完成水量调度方案，规范水量调度工作； 目标2：对上一年度水量调度工作的实施情况进行评估，保证年度调水目标的实现； 目标3：组织编制年度水量调度计划，完成年度工作任务，形成年度水资源调度评估报告 ……				
绩效指标	一级指标	二级指标	三级指标	指标值	分值权重（90）
	产出指标	数量指标	水量调度方案、年度水量调度计划数量（××个）	××	50
			水资源调度监督检查（≥××次）	××	
			调研次数（≥××次）	××	
			起草专题报道/工作汇报/工作信息等份数（≥××份）	××	
			起草简报等期数（≥××期）	××	
			项目成果报告（含调研报告、研究报告、检查报告、月度报告、评估或评价报告、分析报告、工作总结报告、专题年度报告等）数量（××份）	××	
			……		
		质量指标	成果报告验收通过率（≥××%）	××	
			技术方案、工作方案、调度方案等编制要求	规范完整，满足水利部编制要求	
			……		
		时效指标	项目按时完成率（≥××%）	××	
			及时启动水量调度方案情况	在调度年开始15日内印发调度方案或计划	
			……		

水利部财务司关于印发《水利部重点二级项目预算绩效共性指标体系框架（2021版）》的通知

续表

一级指标	二级指标	三级指标	指标值	分值权重（90）
绩效指标	效益指标	经济效益指标	提高水资源利用效益	根据实际来水情况和调度方案，应调尽调	30
			断面控制指标达标率（≥××%）	××	
			……		
		社会效益指标	在来水符合预期情况下，供水保障率（≥××%）	××	
			……		
		生态效益指标	在来水符合预期情况下，重要断面生态流量满足率（≥××%）	××	
			……		
		可持续影响指标	业务培训人次（≥××人次）	××	
			……		
	满意度指标	服务对象满意度指标	业务主管部门或相关部门满意度（≥××%）	××	10
			……		

部门专用二级项目共性绩效目标表
（XXXX年度）

项目名称			省界断面水文监测		
主管部门及代码	××	实施单位	××		
项目资金/万元	年度资金总额：		××		执行率分值（10）
	其中：财政拨款		××		
	上年结转		××		
	其他资金		××		
年度总体目标	目标1：组织开展全国省界和水量分配方案中确定的重要控制断面、生态流量监测断面等监测工作，为水资源管理提供服务； 目标2：做好水资源监测设施设备的运行维护，保障监测工作正常开展； 目标3：加强监测人员培训，提高监测人员技术水平 ……				
绩效指标	一级指标	二级指标	三级指标	指标值	分值权重（90）
	产出指标	数量指标	省界断面监测站点数量（××个）	××	50
			省界站点监测次数（××次/年）	××	
			形成监测数据并整理入库数据（≥××个）	××	
			水位监测断面数量（××个）	××	
			流量监测断面数量（××个）	××	
			大断面测量站次（××站次）	××	
			监测信息发布数量（≥××份）	××	
			……		
		质量指标	是否按相关规定开展监测	按监测规范开展工作	
			监测数据系统到报率（≥××%）	××	
			监测设施、系统、仪器等完好运行情况（≥××天）	××	
			……		
		时效指标	监测数据传输时间（≤××分钟）	××	
			……		
	效益指标	社会效益指标	制定水量分配方案河流控制率（≥××%）	××	40
			……		
		生态效益指标	对提升水资源管理水平贡献	明显	
			……		
		可持续影响指标	对保障水资源可持续开发利用贡献	明显	
			提高监测人员技术水平（培训次数≥××次）	××	
			……		

第8节 水利部财务司关于印发《水利部重点二级项目预算绩效共性指标体系框架（2021版）》的通知

部门专用二级项目共性绩效目标表
（XXXX年度）

项目名称		水资源监测			
主管部门及代码	××	实施单位	××		
项目资金/万元	年度资金总额：	××		执行率分值（10）	
	其中：财政拨款	××			
	上年结转	××			
	其他资金	××			
年度总体目标	目标1：组织开展各种类型断面水质监测工作； 目标2：开展水质自动监测站运行维护工作，实时监控水质状况； 目标3：按时编报各类水质信息报告，及时反映水体水质状况； 目标4：整理监测数据及报告，提高监测水平和数据质量； 目标5：开展监测质量控制的技术指导工作，对监测机构进行质量监督和培训考核，促进监测能力的提升 ……				
绩效指标	一级指标	二级指标	三级指标	指标值	分值权重（90）
	产出指标	数量指标	监测断面数量（国界河断面）（××个）	××	50
			监测断面数量（省界断面）（××个）	××	
			监测断面数量（重要江河湖库断面）（××个）	××	
			监测断面数量（全国重要饮用水水源地）（××个）	××	
			监测断面数量（跨流域调水断面）（××个）	××	
			监测断面数量（湖泊、水库富营养化监测断面）（××个）	××	
			监测断面数量（水生态监测断面）（××个）	××	
			监测断面次数（国界河断面）（××次/年）	××	
			监测断面次数（省界断面）（××次/年）	××	
			监测断面次数（重要江河湖库断面）（××次/年）	××	
			监测断面次数（全国重要饮用水水源地）（××次/年）	××	
			监测断面次数（跨流域调水断面）（××次/年）	××	

续表

一级指标	二级指标	三级指标	指标值	分值权重（90）
绩效指标	产出指标	数量指标	监测断面次数（湖泊、水库富营养化监测断面）（××次/年）	××	50
			监测断面次数（水生态监测断面）（××次/年）	××	
			自动站运行个数（××个）	××	
			形成监测报告的数量（≥××份）	××	
			《中国地表水资源质量年报》（××期）	××	
			区域/流域水资源质量月报（××期）	××	
			重要水体（省界、跨流域调水断面、重要饮用水水源地等）水资源质量通报（××期）	××	
			……		
		质量指标	是否按相关规定开展监测工作	按监测规范开展工作	
			质量控制合格率（≥××%）	××	
			监测设施、系统、仪器等完好运行情况（≥××天）	××	
			……		
		时效指标	监测任务和信息汇总	每月30日前完成上月信息汇总	
			项目按时完成率（≥××%）	××	
			……		
	效益指标	社会效益指标	形成监测数据并整理入库的数据（≥××个），为水资源管理与保护提供数据支撑	××	40
			……		
		生态效益指标	促进水生态文明建设及治理工作	显著	
			……		
		可持续影响指标	及时了解水质情况以促进水资源可持续利用	明显	
			……		

第8节 水利部财务司关于印发《水利部重点二级项目预算绩效共性指标体系框架（2021版）》的通知

部门专用二级项目共性绩效目标表
（XXXX年度）

项目名称	\multicolumn{3}{c}{}	国家地下水监测		
主管部门及代码	××	实施单位	××		
项目资金/万元	年度资金总额：		××		执行率分值（10）
	其中：财政拨款		××		
	上年结转		××		
	其他资金		××		
年度总体目标	\multicolumn{5}{l}{目标1：组织开展国家地下水监测工程站点水位（泉流量）、水温的自动测报，规范中央、流域、省、地市各级信息节点对地下水监测信息的管理； 目标2：组织开展水源地、国家地下水监测工程监测站、生产井的地下水监测工作，及时提交监测成果，并形成地下水水质状况报告，为水资源保护与管理提供可靠数据； 目标3：完成地下水站点的水质监测，掌握流域重点地区地下水水质现状，为流域地下水保护与管理提供基础监测资料和决策依据； 目标4：做好地下水监测分析及资料整编工作，为水资源管理提供可靠的技术支撑和信息服务； 目标5：做好和自然资源部地下水监测工程信息共享工作 ……}
绩效指标	一级指标	二级指标	三级指标	指标值	分值权重（90）
	产出指标	数量指标	地下水监测站点数量（专用监测站）（××个）	××	50
			地下水监测站点数量（水源地）（××个）	××	
			地下水监测站点数量（生产井）（××个）	××	
			地下水常规监测次数（水源地）（××次/年）	××	
			地下水常规监测次数（专用监测站）（××次/年）	××	
			地下水常规监测次数（生产井）（××次/年）	××	
			地下水水质常规监测指标站次（××站次）	××	
			地下水水质非常规监测指标站次（××站次）	××	
			现场校测站点数（××站次）	××	

253

续表

一级指标	二级指标	三级指标	指标值	分值权重（90）
绩效指标	产出指标	数量指标	地下水累计常规监测次数（水位、水温）（10298个专用监测站点≥××次/年）	××	50
			形成地下水水位、水温、流量监测数据整编入库的数据（≥××个）	××	
			形成地下水水质监测数据并整理入库数量（≥××个）	××	
			测试样品个数（≥××个）	××	
			地下水水质状况报告（××份）	××	
			上一年度全国地下水动态分析报告（××份）	××	
			……		
		质量指标	是否按相关规定开展地下水监测工作	按监测规范开展工作	
			信息报送质量	按照国家地下水监测系统运行量化指标（试行）（水文地函[2019]35号）执行	
			水质检测平行样比例（≥××%）	××	
			……		
		时效指标	水质监测任务按时完成率	按有关工作要求执行	
			水位、水温监测数据报送时效	每天报送一次	
			……		
	效益指标	经济效益指标	定期监测，分析地下水水质变化情况	满足要求	40
			及时发布地下水动态监测信息	满足要求	
			……		
		社会效益指标	为水资源管理与保护提供数据支撑	明显	
			同自然资源部实现信息共享站点数（××个）	××	
			……		
		生态效益指标	为地下水保护和治理提供技术支撑，促进生态文明建设		
			……	显著	
		可持续影响指标	对保障水资源可持续开发利用贡献		
			……	明显	

第8节 水利部财务司关于印发《水利部重点二级项目预算绩效共性指标体系框架（2021版）》的通知

部门专用二级项目共性绩效目标表
（XXXX年度）

项目名称	水文水资源动态分析评价			
主管部门及代码	××	实施单位	××	
项目资金/万元	年度资金总额：	××		执行率分值（10）
	其中：财政拨款	××		
	上年结转	××		
	其他资金	××		
总体目标	目标1：组织开展全国水资源监测数据汇集、整理，分析评价，编制全国省界断面水文水资源监测通报等； 目标2：根据水资源管理需要，开展重点地区水文水资源动态分析评价和信息发布、监测分析评价有关基础工作等； 目标3：开展区域流域水质、水生态动态趋势分析，反映短期、中期和长期水资源质量时空变化趋势，加强趋势变化原因分析 ……			
绩效指标	一级指标	二级指标	三级指标	指标值	分值权重（90）
	产出指标	数量指标	《全国省界和重要控制断面水文水资源监测通报》（×期）	××	50
			项目成果报告（含调研报告、研究报告、检查报告、月度报告、评估或评价报告、分析报告、工作总结报告、专题年度报告等）数量（××份）	××	
			《全国水资源动态月报》（水文部分）（内部资料）	××	
			地下水动态月报（××期）	××	
			……		
		质量指标	成果报告验收通过率（≥××%）	××	
			……		
		时效指标	通报按时完成率（≥××%）	××	
			项目按时完成率（≥××%）	××	
			《地下水动态月报》按时完成率（≥××%）	××	
			……		
	效益指标	生态效益指标	对提升水资源管理水平贡献	明显	40
			……		
		可持续影响指标	对保障水资源可持续开发利用贡献		
			……	明显	

部门专用二级项目共性绩效目标表
（XXXX年度）

项目名称			水利工程维修养护		
主管部门及代码	××	实施单位	××		
项目资金/万元	年度资金总额：		××		执行率分值（10）
	其中：财政拨款		××		
	上年结转		××		
	其他资金		××		
年度总体目标	目标1：对工程进行经常性保养和维修，及时处理表面缺损，保持工程的完整、安全和正常运用； 目标2：通过开展水利工程维修养护，做到坝顶、坦坡平顺，无凹凸不平，上下边口整齐一致，保持设计状况，工程整齐美观，道路畅通，工程简介齐全、字迹醒目等 ……				
绩效指标	一级指标	二级指标	三级指标	年度指标值	分值权重（90）
	成本指标	经济成本指标	有效控制维修养护各项费用	按照维修养护定额标准等有关规定执行	20
			……		
	产出指标	数量指标	水闸工程维修养护数量（××座）	××	40
			泵站工程维修养护数量（××座）	××	
			水库工程维修养护数量（××座）	××	
			堤防维修养护长度（××公里）	××	
			控导工程维修养护数量（××处）	××	
			……		
		质量指标	闸门、启闭机、升船机、监测设备、配电与输变电设施、照明、自动控制设施等机电设施及专用设备故障率（≤××%）	××	
			工程施工验收	通过	
			工程、设施是否保持完好	路面完整、平坦、无坑、无明显凹陷和波状起伏	
			……		
		时效指标	项目按时完成率(≥××%)	××	
			……		

水利部财务司关于印发《水利部重点二级项目预算绩效共性指标体系框架（2021版）》的通知

续表

	一级指标	二级指标	三级指标	年度指标值	分值权重(90)
绩效指标	效益指标	经济效益指标	消除隐患，保证安全度汛，减少人民生命和财产损失	不发生因工程安全隐患引起的人民生命和财产损失	20
			……		
		社会效益指标	减少主体工程缺陷率，确保水利工程完整及安全运行，保障流域内人民生命财产安全	及时修复整改工程缺陷，确保工程完整及安全运行	
			……		
		生态效益指标	有利于上下游生态环境保护或改善	不发生因工程维修养护引起的生态环境保护问题	
			……		
		可持续影响指标	有效提高工程管理规范化水平，落实法律法规和技术标准	落实各项法律法规，保证工程完整和可持续利用	
			……		
	满意度指标	服务对象满意度指标	上级主管部门或地方管理单位满意度（≥××%）	××	10
			……		

257

部门专用二级项目共性绩效目标表
（XXXX年度）

项目名称	中央直属水利工程确权划界				
主管部门及代码	××	实施单位	××		
项目资金/万元	年度资金总额：	××			执行率分值（10）
	其中：财政拨款	××			
	上年结转	××			
	其他资金	××			
年度总体目标	目标1：实现直管河湖管理范围及水利工程管理与保护范围边界清晰，避免由于范围不明确造成的管理交叉、水事纠纷、非法侵占河湖和水利工程等违法行为； 目标2：为有效管理和保护河湖和水利工程提供保障，为确保防洪安全、洪水安全、生态安全和水利工程运行安全奠定基础 ……				
绩效指标	一级指标	二级指标	三级指标	指标值	分值权重（90）
	产出指标	数量指标	河道划界面积（××亩）	××	50
			堤防及河道整治工程划界面积（××亩）	××	
			水库工程划界面积（××亩）	××	
			水闸工程划界面积（××亩）	××	
			泵站工程划界面积（××亩）	××	
			安装标示牌（××块）	××	
			埋设围栏（××公里）	××	
			埋设界桩（××根）	××	
			土地测绘（××亩）	××	
			……		
		质量指标	年度成果通过验收	通过	
			工程管理与保护范围划界质量	合格	
			……		
		时效指标	项目按时完成率（≥××%）	××	
			……		
	效益指标	经济效益指标	消除隐患，减少资产和财产损失	资产和财产损失有所减少	30
			……		
		社会效益指标	有效提高工程的管理水平，减少和预防水事矛盾，避免水事纠纷，保护流域内人民生命和财产免受损失	水事纠纷有所减少	
			……		
		可持续影响指标	提高工程管理水平，延长水利工程使用寿命，减少各类水利工程运行事故	各类水利工程运行事故数有所降低	
			……		
	满意度指标	服务对象满意度指标	上级主管部门或地方管理单位满意度（≥××%）	××	10
			……		

第8节

水利部财务司关于印发《水利部重点二级项目预算绩效共性指标体系框架（2021版）》的通知

部门专用二级项目共性绩效目标表
（XXXX年度）

项目名称			水利工程运行管理－其他		
主管部门及代码	××	实施单位	××		
项目资金/万元	年度资金总额：		××		执行率分值（10）
	其中：财政拨款		××		
	上年结转		××		
	其他资金		××		
年度总体目标	目标1：通过对水利工程进行现场督查，帮助有关水管单位提高管理水平和能力； 目标2：通过对水利工程进行现场复查，有效督促相关单位整改落实督查发现的问题 ……				
绩效指标	一级指标	二级指标	三级指标	指标值	分值权重（90）
	产出指标	数量指标	现场督查项目数（≥××个）	××	50
			现场督查组次（≥××组）	××	
			现场复查项目数（≥××个）	××	
			现场复查组次（≥××组）	××	
			督查成果（≥××份）	××	
			水库安全鉴定数量（××座）	××	
			泵站安全鉴定数量（××座）	××	
			水闸安全鉴定数量（××座）	××	
			……		
		质量指标	督查成果合格率（≥××%）	××	
			……		
		时效指标	现场督查时限	××	
			……		
	效益指标	经济效益指标	遏制运行管理事故发生，以降低经济损失	事故发生频次呈下降趋势	30
			……		
		社会效益指标	问题整改率（≥××%）	××	
			促进水利工程安全运行	促进水利工程安全运行，减少重特大运行事故发生	
			……		
		可持续影响指标	业务培训人次（≥××人次）	××	
			促进水利工程管理规范化	推动法律法规和技术标准落实，促进水利工程管理规范化	
			……		
	满意度指标	服务对象满意度指标	申请行政复议率（≤××%）	××	10
			……		

部门专用二级项目共性绩效目标表
（XXXX年度）

项目名称			重大项目管理		
主管部门及代码	××	实施单位	××		
项目资金/万元	年度资金总额：		××		执行率分值（10）
	其中：财政拨款		××		
	上年结转		××		
	其他资金		××		
年度总体目标	目标1：通过稽察、工程质量监督与检测，以及安全生产监督检查，强化工程建设的质量监督与安全生产管理； 目标2：开展各类调研，及时了解和掌握水利工程勘测设计与建设、水库淹没与征地移民、经济社会发展等情况，保障项目管理质量； 目标3：组织审查审批全国重大水利建设项目和部直属基础设施建设项目建议书、可行性研究和初步设计报告以及专项专题报告、水利规划成果、水利建设前期工作项目任务书，服务水利发展规划实施，促进重大水利工程立项建设； 目标4：开展相关政策、业务培训班，提升重大项目管理人员业务管理水平 ……				
绩效指标	一级指标	二级指标	三级指标	指标值	分值权重（90）
	产出指标	数量指标	组织重点检查项目数量（≥××个）	××	50
			组织重点检查次数（≥××次）	××	
			形成专项检查报告数量（≥××份）	××	
			组织重点审查项目数量（≥××项）	××	
			验收项目数量（≥××个）	××	
			评价项目数量（≥××个）	××	
			完成调研报告（≥××份）	××	
			技术审查意见文件数量（≥××份）	××	
			……		
		质量指标	培训合格率（≥××%）	××	
			技术审查与水利前期项目验收文件文字差错率（≤××%）	××	
			……		
		时效指标	审查意见上报（设计报告满足深度要求后的项目）（××个工作日内）	××	
			项目技术审查（收到设计报告及审查委托，且通过程序性审核的项目）（××日内审查）	××	
			验收意见上报（验收的成果资料满足相应深度要求后的项目）（××个工作日内）	××	
			……		

第8节 水利部财务司关于印发《水利部重点二级项目预算绩效共性指标体系框架（2021版）》的通知

续表

一级指标	二级指标	三级指标	指标值	分值权重（90）
绩效指标	经济效益指标	提高工程建设投资合理性	通过审查审批，有效提高工程建设投资合理性	30
		……		
	社会效益指标	组织检查或调研，促进勘测设计、资金管理、建设管理等质量和水平提高（检查或调研≥××次）	××	
		……		
	可持续影响指标	通过业务能力培训，提高业务水平，加强队伍建设，推进水利事业可持续发展，培训人次（≥××人次）	××	
		……		
满意度指标	服务对象满意度指标	上级主管部门满意度（≥××%）	××	10
		培训学员满意度（≥××%）	××	
		……		

261

部门专用二级项目共性绩效目标表
（XXXX年度）

项目名称	水利督查暗访				
主管部门及代码	××	实施单位	××		
项目资金/万元	年度资金总额：	××			执行率分值（10）
	其中：财政拨款	××			
	上年结转	××			
	其他资金	××			
年度总体目标	目标1：开展水利行业重点业务领域督查暗访，监督和促进节约用水、水资源管理、河湖管理、工程建设和运行管理、资金使用等方面工作开展落实情况，为水利行业健康发展提供保障； 目标2：对发现的问题跟踪督促整改，对需要进一步调整完善政策的反馈有关部门，充分运用好监督成果 ……				
绩效指标	一级指标	二级指标	三级指标	指标值	分值权重（90）
	产出指标	数量指标	实施监督检查的项目数量(≥××项)	××	50
			派出监督检查组次（≥××组次）	××	
			形成监督检查报告（≥××份）	××	
			印发"一省一单"等责任追究或整改通知（≥××份）	××	
			与被检查单位交换意见次数（≥××次）	××	
			……		
		质量指标	监督检查报告准确性、完整性	报告完整准确，行文符合公文标准要求	
			……		
		时效指标	监督检查工作完成时间	符合工作方案要求或工作需要	
			……		

第8节 水利部财务司关于印发《水利部重点二级项目预算绩效共性指标体系框架（2021版）》的通知

续表

一级指标	二级指标	三级指标	指标值	分值权重（90）
绩效指标	经济效益指标	防范水利风险，发现并减少因工程质量、安全事故、资金等问题带来的经济损失	有效	30
		……		
	社会效益指标	提出意见建议，提高水利行业管理水平和服务社会发展的能力	有效	
		公开发布监督检查工作信息次数(≥××次)	××	
		……		
	生态效益指标	通过监督检查，查找河湖管理等方面的问题，推动各地人民政府和相关管理单位依法履职，促进用水安全，实现水环境优质、水生态优良，为建设幸福河湖提供支持和保障	有效	
		……		
	可持续影响指标	将有关检查成果作为考核依据	符合有关制度考核办法或工作方案要求	
		通过监督检查，发现行业业务领域问题，督促问题整改，提高行业管理水平	有效	
		……		
满意度指标	服务对象满意度指标	被监督检查单位申请复议成立比例（≤××%）	××	10
		上级主管部门满意度（≥××%）	××	
		……		

部门专用二级项目共性绩效目标表
（XXXX 年度）

项目名称		水利工程建设项目稽察			
主管部门及代码	××	实施单位	××		
项目资金/万元	年度资金总额：	××		执行率分值（10）	
	其中：财政拨款	××			
	上年结转	××			
	其他资金	××			
年度总体目标	目标1：按照有关政策、法规、技术标准等，对水利建设项目的前期与设计工作、项目建设管理、项目计划下达与执行、资金使用与管理、工程质量与安全等方面内容开展稽察，进一步规范水利工程建设行为，加强水利工程建设投资管理，提高建设资金使用效益，确保工程质量和安全； 目标2：通过水利工程稽察工作的开展及经验交流，发挥监督、指导和帮助作用，提高水利工程建设管理水平，保障水利工程建设顺利进行； 目标3：梳理总结全年水利工程建设稽察工作经验，完善水利稽察工作模式，为水利部其他项目提供参考借鉴 ……				
绩效指标	一级指标	二级指标	三级指标	指标值	分值权重（90）
	产出指标	数量指标	实施稽察的水利工程项目数量（≥××个）	××	50
			派出稽察(复查)的组次（≥××组次）	××	
			形成的稽察报告（≥××份）	××	
			印发整改通知（≥××份）	××	
			……		
		质量指标	稽察报告通过率（≥××%）	××	
		时效指标	稽察报告提交时限（现场稽察完成后××个工作日内提交）	××	
			……		
	效益指标	社会效益指标	发现问题，消除隐患，预防和减少工程质量、资金与安全问题，促进水利工程建设顺利实施	督促问题整改，确保工程质量与安全	30
			……		
		可持续影响指标	进一步规范水利工程建设行为，提高管理水平	督促问题整改，促进水利工程建设行为规范和管理水平提升	
			发现问题整改率（≥××%）	××	
			……		
	满意度指标	服务对象满意度指标	上级主管部门满意度（≥××%）	××	10
			被监督检查单位申请复议成立比例（≤××%）	××	
			……		

第 8 节 水利部财务司关于印发《水利部重点二级项目预算绩效共性指标体系框架（2021版）》的通知

部门专用二级项目共性绩效目标表
（XXXX 年度）

项目名称			水利工程建设质量监督及检测		
主管部门及代码	××	实施单位	××		
项目资金/万元	年度资金总额：		××	执行率分值（10）	
	其中：财政拨款		××		
	上年结转		××		
	其他资金		××		
年度总体目标	目标1：通过开展重大水利工程质量与安全监督巡查、水行政主管部门及其质量监督机构履职情况巡查等，对工程参建单位质量体系、质量行为、工程实体质量和质量监督机构的履职情况等进行监督检查，发现工程建设中存在的突出质量问题并督促落实整改，预防和减少质量事故的发生； 目标2：梳理总结全年质量监督工作，完善水利建设工程质量监督工作模式，推动水利行业整体施工质量水平的提高 ……					
绩效指标	一级指标	二级指标	三级指标	指标值	分值权重（90）
	产出指标	数量指标	开展质量监督巡查组次（≥××组次）	××	50
			实施质量监督巡查项目数量（≥××个）	××	
			开展质量监督检测次数（≥××次）	××	
			质量监督巡查报告份数（≥××份）	××	
			检查结果通知份数（≥××份）	××	
			……		
		质量指标	质量监督报告通过率（≥××%）	××	
			……		
		时效指标	质量监督巡查报告提交时限（质量监督巡查完成后××个工作日内提交）	××	
			督促被检查单位提交整改报告	不超过整改通知要求	
			……		

续表

一级指标	二级指标	三级指标	指标值	分值权重(90)
绩效指标	效益指标	经济效益指标	发现并减少工程质量、安全等问题带来的经济损失	发现问题××个,有效防范问题和风险	30
			……		
		社会效益指标	预防和减少质量事故的发生	督促问题整改,有效预防和减少质量事故的发生	
			……		
		可持续影响指标	提高水利工程建设质量水平,促进水利工程建设质量的规范化管理	发现工程质量问题,实施责任追究,督促问题整改,有效促进水利工程建设质量水平提升	
			发现问题整改率(≥××%)	××	
			……		
	满意度指标	服务对象满意度指标	被监督检查单位申请复议成立比例(≤××%)	××	10
			……		

第8节 水利部财务司关于印发《水利部重点二级项目预算绩效共性指标体系框架（2021版）》的通知

部门专用二级项目共性绩效目标表
（XXXX年度）

项目名称	\multicolumn{3}{l	}{水利行业安全生产监督检查}		
主管部门及代码	××	实施单位	××		
项目资金/万元	年度资金总额：	\multicolumn{3}{l	}{××}	执行率分值（10）
	其中：财政拨款	\multicolumn{3}{l	}{××}	
	上年结转	\multicolumn{3}{l	}{××}	
	其他资金	\multicolumn{3}{l	}{××}	
年度总体目标	\multicolumn{5}{l	}{目标1：组织开展水利安全生产监督管理工作，防止和减少生产安全事故的发生，保障人民群众生命和财产安全，确保安全生产形势稳定，为水利改革事业提供坚实的安全保障； 目标2：全面落实安全生产责任制及各项措施，加强水库运行、在建工程、水利施工企业、水文测验、水质监测等重点领域的安全监管，提高安全生产管理水平； 目标3：根据水利部的统一部署，组织开展安全生产自查自纠工作，排查在建水利工程和水利生产单位的安全隐患，提出整改措施，确保全年生产安全无事故； 目标4：组织开展安全生产工作会议、开展安全生产专项培训、"安全生产月"专项宣传活动等，促进安全生产意识提高 ……}

绩效指标	一级指标	二级指标	三级指标	指标值	分值权重（90）
	产出指标	数量指标	实施安全生产相关监督检查的项目数量（≥××个）	××	50
			开展安全生产培训次数（≥××次）	××	
			组织开展安全生产宣教活动参与人次（××人次）	××	
			……		
		质量指标	水利生产经营单位隐患整改率（≥××%）	××	
			培训合格率（≥××%）	××	
			……		
		时效指标	安全生产事故信息报送时效（贻误≤××次）	××	
			……		
	效益指标	经济效益指标	遏制生产安全事故以降低经济损失	保持安全生产形势平稳	30
			……		
		社会效益指标	提高安全生产意识，促进社会和谐	有效	
			……		
		可持续影响指标	通过业务培训，持续提高水行政主管部门项目管理水平，培训人次（≥××人次）	××	
			……		
	满意度指标	服务对象满意度指标	培训学员满意度（≥××%）	××	10
			……		

第8部分 制度文件

部门专用二级项目共性绩效目标表
（XXXX年度）

项目名称			河湖管理及河湖长制		
主管部门及代码	××	实施单位	××		
项目资金/万元	年度资金总额：		××		执行率分值（10）
	其中：财政拨款		××		
	上年结转		××		
	其他资金		××		
年度总体目标	目标1：开展情况进行督查调研，完善河湖督查内容，帮助河湖管理单位提高管理水平，全面推进河长制湖长制工作，促进河长制湖长制取得实效； 目标2：通过开展流域内河长制暗访督查工作的指导与协调，利用行政等综合手段全面推进河长制工作，协调解决暗访督查中发现的各省区主要河流及省界河流存在问题与需求，健全河长制体制机制，提高河湖管理能力和水平，促进流域经济社会的可持续发展； 目标3：通过协助水利部开展河长制暗访督查工作，暗访督查河湖乱占、乱采、乱堆、乱建及非法排污等涉河湖违法违规情况，暗访督查各级河长、湖长履职情况等，提升督查工作水平，推动河长制尽快从"有名"到"有实"转变，推进河湖系统保护和水生态环境整体改善，维护河湖健康 ……				
绩效指标	一级指标	二级指标	三级指标	指标值	分值权重（90）
	产出指标	数量指标	开展河湖管理督查组次（≥××次）	××	50
			开展河湖管理督查人次（≥××次）	××	
			督查报告成果（≥××份）	××	
			现场复查违规问题数（≥××项）	××	
			现场调研组次（≥××次）	××	
			调研报告成果（≥××份）	××	
			……		
		质量指标	"四乱"台账问题整治率（≥××%）	××	
			督查问题整改落实率（≥××%）	××	
			……		
		时效指标	提交督查成果时限	河湖管理督查结束1个月内	
			督查问题整改落实时限	整改意见下发后2个月内	
			现场调研时限（≥××天）	××	
			提交调研成果时限	调研结束后2个月内	
			……		

第8节

水利部财务司关于印发《水利部重点二级项目预算绩效共性指标体系框架（2021版）》的通知

续表

	一级指标	二级指标	三级指标	指标值	分值权重（90）
绩效指标	效益指标	经济效益指标	减少水事违法行为及重大水事违法事件带来的经济损失	减少趋势	30
			……		
		社会效益指标	建成水清、岸绿、河畅、景美、人和的健康河湖	稳步推进	
			……		
		生态效益指标	促进河湖生态环境改善	逐年改善	
			……		
		可持续影响指标	促进河湖管护规范化，提高河湖管护水平	逐年提高	
			通过业务培训，提升职工业务能力，推进水利工作可持续发展。业务培训人次（≥××人次）	××	
			……		
	满意度指标	服务对象满意度指标	培训学员满意度（≥××%）	××	10
			上级主管部门满意度（≥××%）	××	
			地方相关单位（部门）满意度（≥××%）	××	
			……		

部门专用二级项目共性绩效目标表
（XXXX 年度）

项目名称		水利风景区管理			
主管部门及代码	××	实施单位	××		
项目资金/万元	年度资金总额：	××		执行率分值（10）	
	其中：财政拨款	××			
	上年结转	××			
	其他资金	××			
年度总体目标	目标1：及时了解我国水利风景资源利用和保护状况，试点探索建立相关制度； 目标2：指导推动一批水利风景区建设； 目标3：局部改善水利设施、水域及其岸线的综合利用状况，提高河流湖泊水环境、河湖旅游资源保护水平； 目标4：维护河流湖泊的生态健康，提升景区文化魅力，促进生态文明和美丽中国建设 ……				
绩效指标	一级指标	二级指标	三级指标	指标值	分值权重（90）
	产出指标	数量指标	省级水利风景区数量（≥××家）	××	50
			现场调研次数（≥××次）	××	
			项目成果报告（≥××份）	××	
			专家咨询/专家技术帮扶（≥××人次）	××	
			国家水利风景区认定与复核数量（≥××家）	××	
			……		
		数量指标	参会人员出勤率（≥××%）	××	
			成果报告验收通过率（≥××%）	××	
			培训合格率（≥××%）	××	
			……		
		时效指标	项目按期完成率（≥××%）	××	
			……		
	效益指标	社会效益指标	发挥典型示范带动作用，有力促进了各地水利风景区建设发展，开展景区经验交流个数（≥××个）	××	30
			……		
		生态效益指标	水质水环境改善，新认定国家水利风景区不低于四类水质（≥××%）	××	
			……		
		可持续影响指标	行业人才培训（≥××人次）	××	
			……		
	满意度指标	服务对象满意度指标	参会人员满意度（≥××%）	××	10
			培训学员满意度（≥××%）	××	
			现场考察景区单位满意度（≥××%）	××	
			……		

第8节 水利部财务司关于印发《水利部重点二级项目预算绩效共性指标体系框架（2021版）》的通知

部门专用二级项目共性绩效目标表
（XXXX年度）

项目名称			水土保持业务		
主管部门及代码	××	实施单位	××		
项目资金/万元	年度资金总额：		××		执行率分值(10)
	其中：财政拨款		××		
	上年结转		××		
	其他资金		××		
年度总体目标	目标1：对流域内部管在建生产建设项目开展水土保持现场监督检查，对违法案件和水土流失纠纷开展调查取证，加强水土流失预防监督； 目标2：强化国家水土保持重点工程监管，对流域内国家水土保持重点工程建设管理情况开展督查与技术指导，对黄土高原地区淤地坝安全度汛开展暗访督查，提升水土保持重点工程建管水平； 目标3：掌握国家级水土流失重点防治区水土流失状况，整编年度水土流失动态监测成果； 目标4：按时发布《中国水土保持公报》，满足社会公众知情权； 目标5：对省级水土流失年度消长情况进行复核，分析掌握全国水土流失年度消长情况……				
绩效指标	一级指标	二级指标	三级指标	指标值	分值权重(90)
	产出指标	数量指标	部管在建生产建设项目现场监督检查率（≥××%）	××	50
			国家水土保持重点工程治理县监督检查数量（≥××个）	××	
			暗访督查淤地坝数量（≥××个）	××	
			计划重点监测区域工作范围（≥××万平方千米）	××	
			计划监测区域完成率（≥××%）	××	
			编制中国水土保持公报（××份）	××	
			高效水土保持植物资源示范面积（××亩）	××	
			……		
		质量指标	部管在建生产建设项目监督检查意见出具率（≥××%）	××	
			流域水土保持预防监督管理数据入库率（≥××%）	××	
			监测成果整编入库率（≥××%）	××	
			高效水土保持植物资源配置示范成活率（≥××%）	××	
			……		
		时效指标	部管在建生产建设项目水土保持督查意见印发时限（≤××个工作日）	××	
			督查单位报送淤地坝暗访督查报告、整改意见及责任追究建议时限（≤××工作日）	××	
			省级水土流失年度消长情况复核结果完成率（≥××%）	××	
			编制完成中国水土保持公报时间节点	××	
			……		

271

续表

一级指标	二级指标	三级指标	指标值	分值权重（90）
绩效指标	社会效益指标	国家水土保持重点工程任务完成率（≥××%）	××	30
		中国水土保持公报是否公开	××	
		……		
	生态效益指标	重点治理水土流失面积（≥××平方公里）	××	
		……		
满意度指标	服务对象满意度指标	培训人员满意度（≥××%）	××	10
		管理对象满意度（≥××%）	××	
		上级主管部门满意度（≥××%）	××	
		……		

水利部财务司关于印发《水利部重点二级项目预算绩效共性指标体系框架（2021版）》的通知

部门专用二级项目共性绩效目标表
（XXXX年度）

项目名称	生产建设项目水土保持监管遥感解译与判别					
主管部门及代码	××	实施单位	××			
项目资金/万元	年度资金总额：	××				执行率分值（10）
	其中：财政拨款	××				
	上年结转	××				
	其他资金	××				
年度总体目标	目标1：开展生产建设项目扰动图斑遥感解译； 目标2：对扰动图斑进行合规性分析，制作疑似"未批先建""未批先弃""疑似超出防治责任范围"等违法违规图斑核查底图，供地方进行核查 ……					
绩效指标	一级指标	二级指标	三级指标	指标值		分值权重（90）
	产出指标	数量指标	建立扰动图斑遥感解译标志数量（≥××个）	××		50
			扰动图斑解译和判别的国土面积（≥××万平方公里）	××		
			……			
		质量指标	扰动图斑解译准确率（≥××%）	××		
			……			
	效益指标	社会效益指标	查处水土保持违法违规行为，提升水土保持执法震慑作用	提升		30
			提高生产建设单位水土保持守法意识	提高		
			……			
		生态效益指标	有效减少人为水土流失行为数量	减少		
			……			
	满意度指标	服务对象满意度指标	地方水行政主管部门投诉率（≤××%）	××		10
			……			

部门专用二级项目共性绩效目标表
（XXXX年度）

项目名称			水利行业指导			
主管部门及代码	××	实施单位	××			
项目资金/万元	年度资金总额：		××			执行率分值（10）
	其中：财政拨款		××			
	上年结转		××			
	其他资金		××			
年度总体目标	目标1：开展水资源合理开发利用、水资源保护、节约用水、水土流失防治、农村水利水电、水文测报、水政监察和水行政执法、重大涉水违法事件的查处，组织水科学研究和技术推广，指导水利设施、水域及其岸线的保护，水库、水电站、大坝的安全监管，推进水利改革和各项规划编制以及人事、财务、外事等各项综合性工作，为水利行业管理和事业发展奠定扎实基础； 目标2：通过完成本年度中央水利建设投资统计月报工作、更新维护水利工程名录库并完成名录库材料汇编、公开出版水利行业统计公报及年鉴等工作，进一步加强统计支撑能力，满足全国各级水行政主管部门水利统计工作的需求 ……					
绩效指标	一级指标	二级指标	三级指标	指标值		分值权重（90）
	产出指标	数量指标	开展监督检查/调研等次数（≥××次）	××		50
			开展监督检查/调研人次（≥××人次）	××		
			全年值班人次（≥××人次）	××		
			出版公报/杂志等数量（≥××期）	××		
			出版年鉴/制度汇编等数量（≥××册）	××		
			水利安全生产监管工作考核单位数量（≥××个）	××		
			公务员招录或遴选批次（≥××批次）	××		
			公务员干部援派/人才选拔/调配次数（≥××次）	××		
			编印××年全国水利发展统计公报（≥××期）	××		
			编印××年中国水利统计年鉴（≥××册）	××		
			公布水统计提要（≥××册）	××		
			项目成果报告（含调研报告、研究报告、检查报告、月度报告、评估或评价报告、分析报告、工作总结报告、专题年度报告等）数量（××份）	××		
			开展攻防演练次数（≥××次）	××		
			……			

第8节 水利部财务司关于印发《水利部重点二级项目预算绩效共性指标体系框架（2021版）》的通知

续表

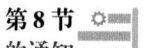

一级指标	二级指标	三级指标	指标值	分值权重（90）
绩效指标	产出指标	质量指标	人事录取、选拔、援派执行相关要求	符合相关人事管理规定	
			培训合格率（≥××%）	××	
			统计公报/统计年鉴数据或文字差错率（≤××%）	××	
			直报系统运行合格率（≥××%）	××	
			数据库数据准确率及应用程度（≥××%）	××	
			成果验收通过率（≥××%）	××	
			……		
		时效指标	项目按时完成率（≥××%）	××	
			……		
	效益指标	社会效益指标	公布水利发展主要指标以满足公众需求（发布月度统计报告数量≥××期）	××	30
			提高水利行业管理水平	显著提高	
			……		
		可持续影响指标	持续提升发展资金的使用效益	逐步提高	
			培训人次（≥××人次）	××	
			……		
	满意度指标	服务对象满意度指标	培训学员满意度（≥××%）	××	10
			上级主管部门满意度（≥××%）	××	
			……		

275

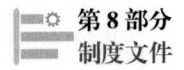

部门专用二级项目共性绩效目标表
（XXXX 年度）

项目名称			水利行政许可		
主管部门及代码	××	实施单位	××		
项目资金/万元	年度资金总额：		××		执行率分值（10）
	其中：财政拨款		××		
	上年结转		××		
	其他资金		××		
年度总体目标	目标1：完成水利部行政许可预受理、预审查系统上线运行工作，从而确保行政审批工作的顺利进行，各项业务工作有序开展； 目标2：完成项目水土保持方案技术评审等行政审批事项的各项基础工作； 目标3：完善水利大中型项目项目初步设计审查的各项基础工作 ……				
绩效指标	一级指标	二级指标	三级指标	指标值	分值权重（90）
	产出指标	数量指标	项目初步设计审查率（≥××%）	××	50
			水土保持方案技术评审率（≥××%）	××	
			……		
		质量指标	行政许可政务公开情况	公开	
			行政许可事项核发	实地核查程序符合规范要求，程序准确	
			……		
		时效指标	行政许可事项处理时间	在法定工作时限内	
			行政许可事项按时办结率（≥××%）	××	
			……		
	效益指标	社会效益指标	保障水利工程施工安全	明显	30
			提高生产建设单位水土保持意识	显著	
			……		
		生态效益指标	防止水土流失	效果逐年明显	
			……		
		可持续影响指标	水利行政许可为规范行业发展提供可持续保障	明显	
			……		
	满意度指标	服务对象满意度指标	水利行政许可申请人满意度（≥××%）	××	10
			……		

第 8 节 水利部财务司关于印发《水利部重点二级项目预算绩效共性指标体系框架（2021版）》的通知

部门专用二级项目共性绩效目标表
（XXXX年度）

项目名称		农村水利水电管理			
主管部门及代码	××	实施单位	××		
项目资金/万元	年度资金总额：		××		执行率分值（10）
	其中：财政拨款		××		
	上年结转		××		
	其他资金		××		
年度总体目标	目标1：完成在建重点农村水利建设项目监督检查、农村水利重大项目前期工作管理、农村水利专项规划管理、农村水利基础资料整编，进一步加强流域农村水利项目前期工作、项目的建设与管理工作与流域基础资料整编工作，提升流域省级农村水利专项规划的质量，从而保持流域内农业稳定发展、保障流域粮食安全、促进农民持续增收； 目标2：完成农村水利关键技术研究工作，通过对流域农业用水的研究与管理，实现流域水资源统一管理，促进节水增粮，达到保护地下水，保护流域水环境的目的； 目标3：加强流域农村水利宣传工作，开展流域农村水利建设成效宣传，增强社会公众对农村水利工作的认知度； 目标4：开展流域农村水利管理数据库建设，及时掌握流域农村水利工作情况，为国家宏观决策提供技术支撑； 目标5：组织或参与农村饮水安全管理监督检查，推进流域农村饮水安全管理，开展农村饮水水源保护机制研究，进一步促进流域片农村饮水安全工作 ……				
绩效指标	一级指标	二级指标	三级指标	指标值	分值权重（90）
	产出指标	数量指标	开展监督检查次数（≥××次）	××	50
			流域农村水利重大项目前期工作管理（≥××项）	××	
			农村水利专项规划的编制审查次数（≥××次）	××	
			组织专题调查研究/水利关键技术研究（≥××项）	××	
			项目成果报告（含调研报告、研究报告、检查报告、月度报告、评估或评价报告、分析报告、工作总结报告、专题年度报告等）数量（××份）	××	
			农村水利基础资料、手册等整编(××册)	××	
			……		
		质量指标	农村水利工程建设项目监督检查开展要求	达到水利部要求	
			成果报告验收通过率（≥××%）	××	
			培训合格率（≥××%）	××	
			流域农村水利重大项目前期工作管理	符合国家政策技术规范标准要求	
			……		

续表

一级指标	二级指标	三级指标	指标值	分值权重（90）
绩效指标	效益指标	经济效益指标	促进实现农业节水、增产、稳产、增效目标，促进农村饮水安全巩固提升，促进农民增收减贫	有效	30
		……		
		可持续影响指标	对农村水利未来可持续发展提供技术支撑	有效支撑	
			业务培训人次（≥××人次）	××	
			……		
	满意度指标	服务对象满意度指标	上级主管部门满意度（≥××%）	××	10
			地方管理部门满意度（≥××%）	××	
			……		

水利部财务司关于印发《水利部重点二级项目预算绩效共性指标体系框架（2021版）》的通知

部门专用二级项目共性绩效目标表
（XXXX年度）

项目名称			部门预算管理基础工作		
主管部门及代码	××	实施单位	××		
项目资金/万元	年度资金总额：		××		执行率分值（10）
	其中：财政拨款		××		
	上年结转		××		
	其他资金		××		
年度总体目标	目标1：组织完成下一年度的"一上"、"二上"预算编报审核工作，增强编报的科学性、合理性； 目标2：规范和加强预算项目管理，提高财政资金的科学化、精细化管理水平； 目标3：加强预算执行管理，组织预算资金使用的监督检查和整改工作，保障预算资金的安全； 目标4：组织预决算执行情况总结和分析，做好部门决算管理工作，开展基本建设项目竣工决算审核审批； 目标5：加强各类数据成果资源的规范化、信息化管理，实现基础数据资源的充分共享和利用 ……				
绩效指标	一级指标	二级指标	三级指标	指标值	分值权重（90）
	产出指标	数量指标	审查预算储备项目数量(≥××个)	××	50
			审计报告数量（≥××个）	××	
			预算项目验收报告数量（≥××个）	××	
			预算项目支出绩效报告和绩效评价报告数量（≥××个）	××	
			单位整体支出绩效报告和绩效评价报告数量（≥××个）	××	
			调研次数（≥××次）	××	
			监督检查次数（≥××次）	××	
			预算执行进度及预算执行考核通报（≥××次）	××	
			……		
		质量指标	预算项目储备工作	满足年度部门预算管理的要求	
			绩效管理工作	绩效报告、绩效评价报告格式完整、结论客观公正	
			决算工作	通过水利部审核	
			验收工作	满足验收管理办法要求	
			培训合格率（≥××%）	××	
			……		

续表

一级指标	二级指标	三级指标	指标值	分值权重（90）
绩效指标	产出指标	时效指标	预算决算上报时限	水利部规定时间之内	50
			……		
	效益指标	社会效益指标	规范预算支出，提高资金使用效益，提升政府公信力	效果明显	30
			……		
		可持续影响指标	提高预算项目管理水平	逐年提高	
			业务培训人次（≥××人次）	××	
			……		
	满意度指标	服务对象满意度指标	上级主管部门满意度（≥××%）	××	10
			培训学员满意度（≥××%）	××	
			……		

水利部财务司关于印发《水利部重点二级项目预算绩效共性指标体系框架（2021版）》的通知

部门专用二级项目共性绩效目标表
（XXXX年度）

项目名称		水利国际交流与合作			
主管部门及代码	××	实施单位	××		
项目资金/万元	年度资金总额	××			执行率分值（10）
	其中：财政拨款	××			
	上年结转	××			
	其他资金	××			
年度总体目标	目标1：进一步加强与有关国家政府部门的合作，拓宽合作广度和深度； 目标2：通过接待周边国家重要团组，开展增信释疑工作； 目标3：寻求与国际金融机构和有关国家政府对外援助机构新的合作机遇； 目标4：积极参与和主办国际重要水事活动，加强在国际重要水议题上的话语权和引导力； 目标5：按照中央对港澳台的方针政策要求，巩固对港澳台的合作； 目标6：通过整编国际国内重大水事活动和重要外事活动音像资料，翻译重点国际文献，举办外事培训班和对有关国家官员和技术人员的专题培训，更好地加强对外宣传，介绍中国水利改革发展成就，吸收和引进国外先进经验，提高中国水利现代化，培养懂国情、水情，又有丰富国际交往经验的人才，并提高中国水利的国际竞争力 ……				
绩效指标	一级指标	二级指标	三级指标	指标值	分值权重（90）
	产出指标	数量指标	接待周边国家重要来访团组（××个）	××	50
			接待港澳台地区代表团（××个）	××	
			接待国外副部级团组（××个）	××	
			重点出国交流团组（××个）	××	
			赴国外参加双边固定交流机制会议（××个）	××	
			赴港澳台开展交流活动（××个）	××	
			赴国外培训团组（××个）	××	
			高层出访/出席国际会议或多边组织活动次数（××次）	××	
			高层出访/出席国际会议或多边组织活动人次（××人次）	××	
			在华召开双边固定交流会议/在华举办国际会议/举办涉港澳台相关会议（××次）	××	
			外宣和国外资料整编/优秀报告编制印刷/高层互访交流材料汇编/多双边交流材料汇编（××册）	××	
			……		
		质量指标	出国交流报告质量	优良	
			……		

续表

一级指标	二级指标	三级指标	指标值	分值权重（90）
绩效指标	社会效益指标	推动与有关国家政府部门的合作及水利科技创新	明显	30
		吸收和引进国外先进经验，加大梯级后备人员储备	有效	
		媒体报道次数（≥××次）	××	
		……		
	可持续影响指标	提高水利工作的合作水平，拓宽合作广度和深度	有效	
		加强中国在国际重要水议题上的话语权和引导力	显著	
		……		
	满意度指标	培训学员满意度（≥××%）	××	10
	服务对象满意度指标	接待的国（境）外代表团成员的抽样调查满意度（≥××%）	××	
		……		

第 8 节 水利部财务司关于印发《水利部重点二级项目预算绩效共性指标体系框架（2021版）》的通知

部门专用二级项目共性绩效目标表
（XXXX年度）

项目名称		水利公益宣传与水文化建设				
主管部门及代码	××	实施单位	××			
项目资金/万元	年度资金总额：		××		执行率分值（10）	
	其中：财政拨款		××			
	上年结转		××			
	其他资金		××			
年度总体目标	目标1：通过报道各类水利新闻，开通并运营水情工作相关微信，更新相关网站工作内容，建设水情教育网络专区，利用互联网及新媒体媒介等向社会公众推送水情教育知识、提升对水利工作的认知度，放大水利政策效应，有效动员全社会力量关心支持水利工作； 目标2：通过采集水事文字资料、图片、视频等资料，为水情教育和水利宣传工作的决策提供参考； 目标3：通过出版水利新闻摄影优秀作品集、水利文学艺术作品集，印发水利文萃、报送水利舆情报告，强化水利工作与公众互动交流的渠道，促进公众更加关注和支持水利工作与水情教育工作，提升水利行业的文化内涵和文化"软实力"，逐步赢得社会公众对水利工作的理解与支持； 目标4：对水情教育员等人员进行培训，对社会公众开展系列水情教育活动，开设相关主题公益活动或评选相关奖项，强化对社会群众普及水情教育相关知识的作用； 目标5：保障博物馆的正常运行，满足社会观众的参观需求，为水利宣传提供良好的舆论氛围 ……						
绩效指标	一级指标	二级指标	三级指标		指标值	分值权重（90）
	产出指标	数量指标	参加经验交流/专题讲座/志愿服务活动（≥××人次）		××	50
			微信平台开发/微信平台运营/新增数据库模块（××个）		××	
			编印（出版）相关书籍/作品集册数（≥××册）		××	
			编印（出版）相关文萃期数（≥××期）		××	
			编印（出版）相关舆情报告篇数（≥××篇）		××	
			采集文字资料字数（≥××万字）		××	
			采集图片张数（≥××张）		××	
			采集视频时长（≥××分钟）		××	
			水利新闻报道数量（≥××篇）		××	
			网络宣传稿件更新（≥××条）		××	
			维护陈列板长度（≥××米）		××	
			维护耗电系统数量（≥××个）		××	
			接待观众人数（≥××人次）		××	
			建设基地数量（≥××个）		××	
			开设网络教育专题数量（≥××个）		××	
			……			

续表

一级指标	二级指标	三级指标	指标值	分值权重（90）
产出指标	质量指标	培训合格率（≥××%）	××	50
		相关书籍/作品集/文萃/舆情报告文字出错率（≤××%）	××	
		展板内容差错率（≤××%）	××	
		基地考核收集的图片、文字、视频质量	良好	
		……		
绩效指标	效益指标	社会效益指标	水利行业宣传效果（≥××分，满分10分）	××	30
		提升公众对水利行业知晓率（≥××%）	××	
		提高水利信息资料的利用率（≥××%）	××	
		……		
	可持续影响指标	推动并积极引领水情教育事业持续、健康发展	有效	
		业务培训人次（≥××人次）	××	
		……		
	满意度指标	服务对象满意度指标	上级主管部门满意度（≥××%）	××	10
		社会公众对宣传效果的抽样调查满意度（≥××%）	××	
		……		

水利部财务司关于印发《水利部重点二级项目预算绩效共性指标体系框架（2021版）》的通知

部门专用二级项目共性绩效目标表
（XXXX年度）

项目名称			基层单位生产用房及仓库维修		
主管部门及代码	××	实施单位	××		
项目资金/万元	年度资金总额：		××		执行率分值（10）
	其中：财政拨款		××		
	上年结转		××		
	其他资金		××		
年度总体目标	目标1：对基层单位生产用房及仓库的内外墙、门窗、给排水供热、配电及照明系统设施等系统进行及时维修，以保障基层单位生产用房的安全，消除各种安全隐患，改善生产环境； 目标2：解决旧房屋存在的问题，满足基本办公要求，确保设备安全稳定运行 ……				
绩效指标	一级指标	二级指标	三级指标	指标值	分值权重（90）
	成本指标	经济成本指标	有效控制维修各项费用	按照国家和地方有关标准和规定执行	20
			……		
	产出指标	数量指标	房屋维修工程面积（××平方米）	××	40
			内外墙维修改造面积（××平方米）	××	
			安装更换门、窗（××扇）	××	
			供电及照明系统设施线路维修（××米）	××	
			日光灯、盏射灯更换（××盏）	××	
			其他维修面积（天面隔热、地面防水、给排水管道面、保温钢板等）（××平方米）	××	
			给排水系统/供热、消防等系统改造（××项）	××	
			……		
		质量指标	工程质量达标情况	符合验收规程	
			供电/供冷暖/供水系统维修合格率（≥××%）	××	
			工程施工/设计验收合格率（≥××%）	××	
			……		

续表

一级指标	二级指标	三级指标	指标值	分值权重（90）
绩效指标	社会效益指标	消除安全隐患	效果显著，不发生因隐患未排除导致的安全事故	20
		改善生产工作环境（职工满意度≥××%）	××	
		……		
	生态效益指标	促进节能降耗	明显	
		……		
	可持续影响指标	提高房屋使用寿命以延长大修周期	有效延长使用寿命	
		……		
	满意度指标	服务对象满意度指标	使用单位满意度（≥××%）	××	10
		……		

第8节 水利部财务司关于印发《水利部重点二级项目预算绩效共性指标体系框架（2021版）》的通知

部门专用二级项目共性绩效目标表
（XXXX年度）

项目名称			水文测报		
主管部门及代码	××	实施单位	××		
项目资金/万元	年度资金总额：		××		执行率分值（10）
	其中：财政拨款		××		
	上年结转		××		
	其他资金		××		
年度总体目标	目标1：加强全国各流域水文测报业务管理，组织指导流域水文测验工作，提高水文测验质量，搜集各类水文监测要素，深入分析国家重要江河流域的水文规律，为社会经济发展提供服务； 目标2：组织指导流域水、雨情报收集和委托管理工作，开展水情分析与预报、水资源评价的质与量及空间动态变化规律等，为防汛抗旱和水资源管理服务； 目标3：组织全国各流域水文资料整编汇编，组织整理汇编全国各流域水文监测数据，刊印发布，为流域防汛抗旱，流域水资源的统一开发、利用、管理和水资源环境保护提供水文信息和水文服务，为经济社会可持续发展提供科学依据； 目标4：做好水文设施设备运行维护，保障水文测验、水文情报预报作业、行业管理等水文工作的正常开展 ……					
绩效指标	一级指标	二级指标	三级指标	指标值	分值权重（90）
	产出指标	数量指标	国家基本水文站站点数量（××处）	××	50
			专用水文站站点数量（××处）	××	
			水位站数量（××处）	××	
			雨量站数量（××处）	××	
			洪水预报站点[××处（个）]	××	
			在站整编审查站数（××站）	××	
			水情信息收集量（≥××万条）	××	
			水文年鉴的审查、汇编及刊印（××册）	××	
			《中国河流泥沙公报》编写、审查及出版（××册/年）	××	
			日常化预报站次（≥××站次）	××	
			……		
		质量指标	水文测报设施设备养护率（≥××%）	××	
			水文测验合格率（≥××%）	××	
			水文资料整编成果系统错误/特征值错误/数字错误率	无系统错误/无特征值错误/数字错误率≤1/10000	
			水情报汛漏、错报率（≤××%）	××	
			……		

续表

一级指标	二级指标	三级指标	指标值	分值权重（90）
产出指标	时效指标	设施设备检查汛前完成率（≥××%）	××	50
		水情报汛（水雨情信息××分钟内报水情分中心）	××	
		日常化预报（收到水情报文××小时内做出预报）	××	
		……		
效益指标	社会效益指标	国家水文站网水文测验大江大河水文监测控制率（≥××%）	××	40
		为综合治理、开发和防洪对策研究提供重要的基础信息和决策依据	有效	
		……		
	可持续影响指标	促进流域综合治理开发以及水资源可持续利用	显著	
		逐步促进了解河势变化及对防洪、河道整治的开发利用	有效	
		业务培训人次（≥××人次），不断提高业务人员的技术水平和管理能力	××	
		……		

水利部财务司关于印发《水利部重点二级项目预算绩效共性指标体系框架（2021版）》的通知

部门专用二级项目共性绩效目标表
（XXXX年度）

项目名称		水利定额制修订			
主管部门及代码	××	实施单位	××		
项目资金/万元	年度资金总额：		××		执行率分值（10）
	其中：财政拨款		××		
	上年结转		××		
	其他资金		××		
年度总体目标	目标1：建立健全定额全面修编和局部修订相结合的动态机制，实现更加公平、公正、科学合理的工程计价，为水利工程投资测算提供更加科学的依据； 目标2：制订、修订、完善水利定额标准体系，使水利定额标准体系更加适应经济社会发展和水利建设与投资管理的需要 ……				
绩效指标	一级指标	二级指标	三级指标	指标值	分值权重（90）
	产出指标	数量指标	形成定额初稿（××份）	××	50
			形成定额征求意见稿（××份）	××	
			形成定额送审稿（××份）	××	
			形成定额报批稿（××份）	××	
			定额专题研究项目（≥××个）	××	
			定额成果报告数量（≥××份）	××	
			召开定额讨论、审查等会议次数（≥××次）	××	
			……		
		质量指标	定额送审稿审查通过率（≥××%）	××	
			……		
		时效指标	定额成果发布时间	按项目计划时间发布	
			……		
	效益指标	经济效益指标	完善定额体系以避免体系缺陷造成的经济损失	明显	30
			……		
		社会效益指标	为水利中心工作提供定额支撑	有效	
			……		
		可持续影响指标	项目成果有效促进水利行业可持续发展	显著	
			……		
	满意度指标	服务对象满意度指标	定额使用单位对定额内容等的抽样调查满意度（≥××%）	××	10

第8部分 制度文件

部门专用二级项目共性绩效目标表
（XXXX 年度）

项目名称			水利标准制修订		
主管部门及代码	××	实施单位	××		
项目资金/万元	年度资金总额：		××	执行率分值（10）	
	其中：财政拨款		××		
	上年结转		××		
	其他资金		××		
年度总体目标	围绕推动新阶段水利高质量发展的需求，有序开展相关标准的制修订……				
绩效指标	一级指标	二级指标	三级指标	指标值	分值权重（90）
	产出指标	数量指标	形成标准大纲（≥×× 份）	××	50
			形成标准征求意见稿（≥×× 份）	××	
			形成标准送审稿（≥×× 份）	××	
			形成标准报批稿（≥×× 份）	××	
			标准讨论、审查会议次数（≥×× 次）	××	
			……		
		质量指标	标准工作大纲、送审稿审查通过率（≥××%）	××	
			标准各编制阶段材料合格率(≥××%)	××	
			……		
	效益指标	经济效益指标	完善标准体系以避免体系缺陷造成的经济损失	明显	30
			……		
		社会效益指标	为水利部中心工作提供标准支撑	有效	
			……		
	满意度指标	服务对象满意度指标	标准使用单位对标准内容等的抽样调查满意度（≥××%）	××	10
			……		

290

第8节 水利部财务司关于印发《水利部重点二级项目预算绩效共性指标体系框架（2021版）》的通知

部门专用二级项目共性绩效目标表
（XXXX年度）

项目名称			标准翻译		
主管部门及代码	××	实施单位	××		
项目资金/万元	年度资金总额：		××		执行率分值（10）
	其中：财政拨款		××		
	上年结转		××		
	其他资金		××		
年度总体目标	翻译被国际水电工程广泛采用的、与国际标准接轨的技术标准，增强水利行业国际竞争力，为水利"走出去"提供标准支撑……				
绩效指标	一级指标	二级指标	三级指标	指标值	分值权重（90）
	产出指标	数量指标	完成标准外文译本送审稿(≥××篇)	××	50
			完成标准外文译本内审稿(≥××篇)	××	
			完成标准外文译本审定稿(≥××篇)	××	
			内审会议次数（≥××次）	××	
			审定会议次数（≥××次）	××	
			……		
		质量指标	全文翻译水平	优良	
			标准翻译等通过专家审查	通过	
			……		
	效益指标	经济效益指标	提高我国水利企业国际竞争力	显著	30
			……		
		社会效益指标	提高英文标准覆盖范围，增加标准翻译数量，助力我国水利技术"走出去"	明显	
			……		
	满意度指标	服务对象满意度指标	标准使用单位对标准翻译内容等抽样调查满意度（≥××%）	××	10
			……		

291

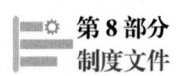

部门专用二级项目共性绩效目标表
（XXXX 年度）

项目名称			标准实施监督		
主管部门及代码	××	实施单位	××		
项目资金/万元	年度资金总额：		××		执行率分值（10）
	其中：财政拨款		××		
	上年结转		××		
	其他资金		××		
年度总体目标	目标1：通过开展标准宣贯培训和监督检查，提高行业重视标准化的意识，在日常生产中将强制性条文的要求落实到具体设计中，保证工程质量； 目标2：围绕标准化项目计划和实施情况开展相关工作，为标准化项目立项提供决策参考，监督检查标准实施情况 ……				
绩效指标	一级指标	二级指标	三级指标	指标值	分值权重（90）
	产出指标	数量指标	审定水利技术标准（≥××项）	××	50
			年度标准发布（≥××项）	××	
			调研次数（≥××次）	××	
			复审水利技术标准（≥××项）	××	
			编制水利标准化年报/专报（××本）	××	
			出版水利技术标准外文译本本数（××本）	××	
			专项评估标准（≥××项）	××	
			……		
		质量指标	成果报告验收通过率（≥××%）	××	
			……		
	效益指标	经济效益指标	有效节省工程投资	显著	30
			……		
		社会效益指标	发挥技术标准在水利实践中的规范和指导作用，确保工程质量	显著	
			……		
		生态效益指标	通过标准有效实施，贯彻落实生态文明思想、人与自然和谐共生的发展理念	显著	
			……		
	满意度指标	服务对象满意度指标	培训学员满意度（≥××%）	××	10
			……		

水利部财务司关于印发《水利部重点二级项目预算绩效共性指标体系框架（2021版）》的通知

部门专用二级项目共性绩效目标表
（XXXX年度）

项目名称			水利政策研究		
主管部门及代码	××	实施单位	××		
项目资金/万元	年度资金总额：		××		执行率分值（10）
	其中：财政拨款		××		
	上年结转		××		
	其他资金		××		
年度总体目标	目标1：贯彻落实中央治水思路，围绕水利中心工作，开展事关水利改革与发展的重大战略性、全局性、基础性政策和法规制度研究，为相关决策提供政策建议和咨询意见。通过项目实施，切实发挥好政策研究在水利改革发展中的基础和支撑作用，为推动新时代水利治理体系和治理能力现代化提供制度保障； 目标2：通过开展调研，编写项目研究报告、论证报告、法规草案等，为主管部门相关决策提供服务与支撑，提升决策的科学性； 目标3：通过撰写参阅报告、发表文章等，宣传推广政策研究项目成果，加强涉水行业领域交流，提升水利行业影响力 ……				
绩效指标	一级指标	二级指标	三级指标	指标值	分值权重（90）
	产出指标	数量指标	研究报告、调研报告、论证报告等数量（≥××份）	××	50
			制度文件初稿数量（≥××份）	××	
			参阅报告数量（≥××份）	××	
			发表文章数量（≥××份）	××	
			调研次数（≥××次）	××	
			……		
		质量指标	成果报告验收通过率（≥××%）	××	
			成果报告优良率（≥××%）	××	
			……		
		时效指标	研究课题按期结题率（≥××%）	××	
			……		
	效益指标	社会效益指标	提出创新性措施或针对性建议（≥××项）	××	30
			……		
		可持续指标	培训政策研究人员（≥××人次）	××	
			……		
	满意度指标	服务对象满意度指标	业务主管部门满意度（≥××%）	××	10
			……		

部门专用二级项目共性绩效目标表
（XXXX年度）

项目名称			先进实用技术示范		
主管部门及代码	××	实施单位	××		
项目资金/万元	年度资金总额：		××		执行率分值（10）
	其中：财政拨款		××		
	上年结转		××		
	其他资金		××		
年度总体目标	目标1：完成水利先进实用技术示范项目以前年度延续性工作； 目标2：开展新增水利部先进实用技术示范项目的实施工作，推广水利先进实用技术，提升水利行业科技水平，促进技术进步； ……				
绩效指标	一级指标	二级指标	三级指标	指标值	分值权重（90）
	产出指标	数量指标	示范先进技术（××项）	××	50
			示范工程建设（××处）	××	
			形成操作手册（××套）	××	
			中期进展报告（××份）	××	
			……		
		质量指标	项目验收通过率（≥××%）	××	
			任务书格式、内容	标准、翔实	
			项目绩效目标考核覆盖率（≥××%）	××	
			……		
		时效指标	项目按时完成率（≥××%）	××	
			……		
	效益指标	经济效益指标	技术成果示范转化成效	显著	30
			……		
		社会效益指标	有效推动水利行业可持续发展和技术进步，优化技术≥××项	××	
			……		
	满意度指标	服务对象满意度指标	上级主管部门满意度（≥××%）	××	10
			应用部门满意度（≥××%）	××	
			……		

第8节 水利部财务司关于印发《水利部重点二级项目预算绩效共性指标体系框架（2021版）》的通知

部门专用二级项目共性绩效目标表
（XXXX年度）

项目名称			技术推介		
主管部门及代码	××	实施单位		××	
项目资金/万元	年度资金总额：		××		执行率分值（10）
	其中：财政拨款		××		
	上年结转		××		
	其他资金		××		
年度总体目标	目标：组织开展实用技术的宣传培训工作，将先进实用的水利技术运用到实际工作中；……				
绩效指标	一级指标	二级指标	三级指标	指标值	分值权重（90）
	产出指标	数量指标	技术推介次数（××次）	××	50
			技术推介人次（××人次）	××	
			……		
		质量指标	任务书格式、内容	标准、翔实	
			……		
		时效指标	项目按时完成率（≥××%）	××	
			……		
	效益指标	社会效益指标	技术示范社会影响力	有效提升	30
			……		
	满意度指标	服务对象满意度指标	参加人员满意度（≥××%）	××	10
			……		

部门专用二级项目共性绩效目标表
（XXXX 年度）

项目名称		组织与管理			
主管部门及代码	××	实施单位	××		
项目资金/万元	年度资金总额：	××			执行率分值（10）
	其中：财政拨款	××			
	上年结转	××			
	其他资金	××			
年度总体目标	目标1：完成新增项目任务书、业务委托合同签订，启动新增项目； 目标2：开展项目执行监管； 目标3：完成到期项目备案资料审核； 目标4：组织开展下年度立项准备工作； 目标5：发布《水利实用技术信息》 ……				
绩效指标	一级指标	二级指标	三级指标	指标值	分值权重（90）
	产出指标	数量指标	新增项目任务书签订（××份）	××	50
			年度项目备案（××项）	××	
			发布《水利实用技术信息》期数（××期）	××	
			……		
		质量指标	项目年度进展情况检查合格率（≥××%）	××	
			……		
		时效指标	项目按时完成率（≥××%）	××	
			……		
	效益指标	社会效益指标	有效推动水利行业可持续发展和技术进步，优化技术（≥××项）	××	30
			……		
	满意度指标	服务对象满意度指标	上级主管部门满意度（≥××%）	××	10
			应用部门满意度（≥××%）	××	
			……		

第8节

水利部财务司关于印发《水利部重点二级项目预算绩效共性指标体系框架（2021版）》的通知

部门专用二级项目共性绩效目标表
（XXXX年度）

项目名称			南水北调工程建设管理		
主管部门及代码	××	实施单位	××		
项目资金/万元	年度资金总额：		××	执行率分值（10）	
	其中：财政拨款		××		
	上年结转		××		
	其他资金		××		
年度总体目标	目标1：组织开展质量监督专项巡查，提交完工验收质量监督报告，满足工程建设管理和完工验收需要； 目标2：开展穿、跨、邻接南水北调工程项目管理相关工作，确保南水北调工程运行安全……				
绩效指标	一级指标	二级指标	三级指标	指标值	分值权重（90）
	产出指标	数量指标	质量监督报告（≥××份）	××	50
			质量监督专项巡查（≥××组次）	××	
			项目成果报告数量（≥××份）	××	
			……		
		质量指标	质量监督报告合格率（≥××%）	××	
			项目成果报告质量	通过验收	
			……		
		时效指标	项目成果报告完成时间	××年××月	
			质量监督专项巡查完成时间	××年××月	
			质量监督报告完成时间	工程完工验收前	
			……		
	效益指标	经济效益指标	保障工程平稳安全运行，降低企业运营成本	通过工程监管，降低工程实体隐患和行为隐患	30
			……		
		社会效益指标	保障在建工程建设质量，推动东中线工程运行管理规范化建设	督促工程管理单位对发现的问题立行立改	
			提高其他行业对南水北调工程的保护意识	规范穿跨邻接南水北调工程项目管理	
			……		
		生态效益指标	保障南水北调工程生态功能发挥	××	
		可持续影响指标	规范工程建设项目管理，排除工程质量隐患，降低运行风险	加强工程监管	
	满意度指标	服务对象满意度指标	业务主管部门满意度（≥××%）	××	10
			……		

部门专用二级项目共性绩效目标表
（XXXX年度）

项目名称		南水北调工程经济管理			
主管部门及代码	××	实施单位	××		
项目资金/万元	年度资金总额：	××		执行率分值(10)	
	其中：财政拨款	××			
	上年结转	××			
	其他资金	××			
年度总体目标	目标1：开展南水北调东中线一期工程投资控制分析审核和竣工财务决算有关问题专项研究，为竣工决算编制提供技术支撑； 目标2：研究编制南水北调东中线一期工程竣工财务决算范本，为顺利完成竣工财务决算工作奠定基础； 目标3：开展南水北调工程水价问题研究，为水价政策优化调整提供技术支撑 ……				
绩效指标	一级指标	二级指标	三级指标	指标值	分值权重（90）
	产出指标	数量指标	项目成果报告数量（≥××份）	××	50
			……		
		质量指标	项目成果报告质量	通过验收	
			……		
		时效指标	项目成果报告完成时间	××年××月	
			……		
	效益指标	经济效益指标	促进南水北调工程资产价值核定	开展南水北调工程财务决算投资控制分析审核	30
			……		
		社会效益指标	促进南水北调工程水价政策优化调整	开展南水北调工程水价问题研究	
			……		
		可持续影响指标	推动南水北调工程竣工财务决算工作	研究编制南水北调东中线一期工程竣工财务决算范本	
			……		
	满意度指标	服务对象满意度指标	业务主管部门满意度（≥××%）	××	10
			……		

第8节 水利部财务司关于印发《水利部重点二级项目预算绩效共性指标体系框架（2021版）》的通知

部门专用二级项目共性绩效目标表
（XXXX年度）

项目名称			南水北调工程技术管理		
主管部门及代码	××	实施单位	××		
项目资金/万元	年度资金总额：		××		执行率分值（10）
	其中：财政拨款		××		
	上年结转		××		
	其他资金		××		
年度总体目标	目标1：开展南水北调后续工程相关研究，为南水北调后续工程建设提供技术支撑； 目标2：编制南水北调工程建设年鉴，开展南水北调工程后评价和专项技术总结，提升南水北调工程技术管理水平； 目标3：开展南水北调工程效益分析，做好提升南水北调工程社会影响力基础工作； 目标4：加强南水北调专家委管理，为南水北调工程提升专业技术人才保障 ……				
绩效指标	一级指标	二级指标	三级指标	指标值	分值权重（90）
	产出指标	数量指标	项目成果报告数量（≥××份）	××	50
			技术咨询、调研、评价（≥××次）	××	
			南水北调工程建设年鉴（≥××份）	××	
			……		
		质量指标	项目成果报告质量	通过验收	
			南水北调工程工程建设年鉴	正式出版	
			技术咨询、调研、评价	通过专家评审	
			……		
		时效指标	项目成果报告完成时间	××年××月	
			技术咨询、调研、评价成果（在活动后××个工作日内完成）	××	
			南水北调工程建设年鉴	××年底前	
			……		
	效益指标	可持续影响指标	为南水北调工程重大专业技术决策和问题提供技术咨询（≥××次）	××	30
		社会效益指标	推动南水北调工程科技创新	有效推动	
			提高南水北调后续工程建设及决策管理水平	开展南水北调工程建设后评价研究	
			……		
		生态效益指标	促进南水北调工程生态效益发挥	××	
			……		
	满意度指标	服务对象满意度指标	业务主管部门满意度（≥××%）	××	10
			专家对专家委数据资料处理的满意度（≥××%）	××	
			……		

部门专用二级项目共性绩效目标表
（XXXX 年度）

项目名称		南水北调工程验收管理			
主管部门及代码		××	实施单位	××	
项目资金/万元	年度资金总额：		××		执行率分值（10）
	其中：财政拨款		××		
	上年结转		××		
	其他资金		××		
年度总体目标	目标1：组织完成南水北调东、中线一期工程完工验收技术性初验，以及工程档案专项验收工作，为完成工程验收目标提供基础支撑； 目标2：配合开展完工行政验收工作，并根据验收要求提出验收成果； 目标3：开展工程验收有关问题研究，有效推动验收工作进展 ……				
绩效指标	一级指标	二级指标	三级指标	指标值	分值权重（90）
	产出指标	数量指标	按照验收工作要求提出技术性初步验收成果份数（≥××份）	××	50
			设计单元工程档案专项验收（≥××个）	××	
			按照验收工作要求提出验收工作成果份数（≥××份）	××	
			项目成果报告数量（≥××份）	××	
			……		
		质量指标	验收成果被有关单位采纳率（≥××%）	××	
			项目成果报告质量	通过验收	
			设计单元工程档案专项验收履行验收程序，验收质量达标率（≥××%）	××	
			……		
		时效指标	设计单元工程完工验收组织及时率（≥××%）	××	
			南水北调工程验收进展上报及时率（≥××%）	××	
			项目成果报告完成时间	××年××月	
			……		
	效益指标	可持续影响指标	规范南水北调工程档案管理	开展设计单元工程档案验收	30
			服务于南水北调工程安全运行，提高档案利用保证率（≥××%）	××	
			……		
	满意度指标	服务对象满意度指标	南水北调工程验收工作主管司局满意度（≥××%）	××	10
			南水北调工程建设管理单位满意度（≥××%）	××	
			……		

第8节

水利部财务司关于印发《水利部重点二级项目预算绩效共性指标体系框架（2021版）》的通知

部门专用二级项目共性绩效目标表
（XXXX年度）

项目名称			骨干网运行维护		
主管部门及代码	××	实施单位	××		
项目资金/万元	年度资金总额：		××		执行率分值（10）
	其中：财政拨款		××		
	上年结转		××		
	其他资金		××		
年度总体目标	目标1：保证水利信息系统基础环境及相关应用的正常运转； 目标2：国家防汛抗旱指挥系统、异地会商视频会议系统、防汛通信系统、水利电子政务系统、水利部网站、水利普查信息系统及其他重要系统的日常安全、稳定、高效运行； 目标3：做好水利遥感影像数据处理分析工作； 目标4：做好国家自然资源与空间基础信息库水资源分中心运行维护工作 ……				
绩效指标	一级指标	二级指标	三级指标	指标值	分值权重（90）
	产出指标	数量指标	维护通信系统设备（通信设备××台套）	××	50
			维护计算机网络系统设备（网络设备××台套）	××	
			维护存储资源量（共×××PB）	××	
			维护计算资源量（共×××核CPU）	××	
			维护水利基础数据（××个水利对象）	××	
			维护水利遥感数据（××平方公里）	××	
			维护网络专线数量（××条）	××	
			维护基础环境（共××平方米）	××	
			维护已定级备案的三级信息系统数量（≥××个）	××	
			维护已定级备案的二级信息系统数量（≥××个）	××	
			……		
		质量指标	骨干通信系统可用率（≥××%）	××	
			骨干网络系统可用率（≥××%）	××	
			主要业务系统可用率（≥××%）	××	
			二级及以上网络安全事件数量（≤个）	××	
			……		
		时效指标	平均系统故障响应时间	汛期≤2小时，平时≤4小时	
			平均系统故障恢复时间	汛期≤4小时，平时≤8小时	
			……		

续表

一级指标	二级指标	三级指标	指标值	分值权重（90）
绩效指标	经济效益指标	召开视频会议人次（≥××人次）	××	30
		……		
	社会效益指标	支撑水利业务工作，运行维护天数	全年不间断	
		提高办公效率	持续有效	
		网站发布信息量（≥××条）	××	
		……		
	可持续影响指标	规范系统维护，保证系统持续稳定发挥效益	稳定有效	
		……		
满意度指标	服务对象满意度指标	用户抽样调查满意度（≥××%）	××	10
		上级单位网信部门对数据共享满意度（≥××%）	××	
		……		

第8节 水利部财务司关于印发《水利部重点二级项目预算绩效共性指标体系框架（2021版）》的通知

部门专用二级项目共性绩效目标表
（XXXX年度）

项目名称			水资源管理系统运行维护		
主管部门及代码	××	实施单位	××		
项目资金/万元	年度资金总额：		××		执行率分值（10）
	其中：财政拨款		××		
	上年结转		××		
	其他资金		××		
年度总体目标	目标1：水资源监控管理平台服务器、交换机等网络设备和机房网络环境运行稳定，通信信道畅通，为信息系统的运行提供平台基础； 目标2：水资源管理信息系统平台运行稳定，数据存储安全可靠，数据传输及时准确，资料按时整编； 目标3：水资源应用系统运行正常，及时提供水资源管理信息，为业务管理、应急管理、落实三条红线和考核提供技术支撑； 目标4：水资源会商室会议设备稳定运行，为水资源管理决策提供基础支撑 ……				
绩效指标	一级指标	二级指标	三级指标	指标值	分值权重（90）
	产出指标	数量指标	维护硬件（××套）	××	50
			维护基础环境（××处）	××	
			接入省界断面水量监测站数（××个）	××	
			接入水源地水质在线监测站数（××个）	××	
			接入取用水在线监测站数（××个）	××	
			维护数据库（××个）	××	
			维护应用系统（××套）	××	
			水资源管理系统每年正常运行天数（≥××天）	××	
			……		
		质量指标	应用系统可用率（≥××%）	××	
			监控会商系统设备可用率（≥××%）	××	
			数据存储设备可用率（≥××%）	××	
			计算机网络系统可用率（≥××%）	××	
			监测数据上报率（≥××%）	××	
			……		

续表

一级指标	二级指标	三级指标	指标值	分值权重（90）
产出指标	时效指标	平均系统故障响应时间	汛期≤2小时，平时≤4小时	50
		平均系统故障恢复时间	汛期≤4小时，平时≤8小时	
		……		
绩效指标 效益指标	社会效益指标	年在线监测取用水量（≥××亿立方米）	××	30
		在线监测年度颁证许可水量比例（≥××%）	××	
		在线监测年度实际用水量比例（≥××%）	××	
		系统支撑水资源管理业务运行（≥××项）	××	
		……		
满意度指标	服务对象满意度指标	用户抽样调查满意度（≥××%）	××	10
		……		

第8节 水利部财务司关于印发《水利部重点二级项目预算绩效共性指标体系框架（2021版）》的通知

部门其他二级项目共性绩效目标表
（XXXX年度）

项目名称		档案事务			
主管部门及代码	××	实施单位	××		
项目资金/万元	年度资金总额：	××		执行率分值（10）	
	其中：财政拨款	××			
	上年结转	××			
	其他资金	××			
年度总体目标	目标：根据需要，完善、扩充展陈内容，为关注、研究水利的各界人士提供科普教育、学术研究、文化宣传平台，为扩大水利影响、推动水利建设发挥重要作用……				
绩效指标	一级指标	二级指标	三级指标	指标值	分值权重（90）
	产出指标	数量指标	收集档案（≥××卷/件）	××	50
			整理档案（≥××卷/件）	××	
			清理鉴定档案（≥××卷/件）	××	
			修复保护档案（≥××卷/件）	××	
			档案数字化（档案扫描）（≥××副）	××	
			档案馆正常运转维护（≥××天）	××	
			……		
		质量指标	档案修复保护合格率（≥××%）	××	
			档案数字化（档案扫描）合格率（≥××%）	××	
			档案馆正常使用率（≥××%）	××	
			……		
		时效指标	档案移交进馆时间	××	
			项目验收时间	××	
			档案馆设施设备更新维护时间	××	
			……		
	效益指标	社会效益指标	为水利事业提供档案信息支撑	显著	30
			保护水利工作各类技术成果档案	显著	
			……		
		可持续影响指标	持续发挥档案馆宣传教育	有效	
			持续提升水利档案管理水平	有效	
			……		
	满意度指标	服务对象满意度指标	上级主管部门满意度（≥××%）	××	10
			……		

部门其他二级项目共性绩效目标表
（XXXX 年度）

项目名称			水利干部教育与人才培养		
主管部门及代码	××	实施单位	××		
项目资金/万元	年度资金总额：		××		执行率分值（10）
	其中：财政拨款		××		
	上年结转		××		
	其他资金		××		
年度总体目标	目标：落实《水利干部教育培训规划（2019—2022年）》和《水利人才队伍建设"十四五"规划》有关工作部署，实施水利领军、青年拔尖人才培养、干部专业化能力提升、人才和教育培训扶贫等工程，开展职称评审、人才评价、培训教材编写、组织注册土木工程师（水利水电工程）考试等工作。推进水利干部教育培训网络平台建设，根据工作需要和干部培训需求，开发符合中国水利教育培训网建设标准的网络培训课程。强化人才培养能力建设，推进人才创新团队、人才培养基地建设，开展水利人事统计工作等。加大基层人才队伍建设指导，组织开展相关示范培训，面向欠发达地区开展帮扶培训。强化技能人才队伍建设，组织举办职工技能大赛、职业院校技能大赛等 ……				
绩效指标	一级指标	二级指标	三级指标	指标值	分值权重（90）
	产出指标	数量指标	部机关公务员自主选学学时（≥××学时）	××	50
			水利人事统计年报（××份）	××	
			编辑、出版培训或教学教材（××本）	××	
			更新网络培训课件（××学时）	××	
			新增微课（××学时）	××	
			试卷编制（××套）	××	
			培训次数（≥××次）	××	
			……		
		质量指标	水利人事统计年报	××	
			外委专题成果质量、外委项目质量	××	
			项目整体质量	××	
			……		
		时效指标	完成项目时间	××	
			完成考试分析、总结时间	××	
	效益指标	社会效益指标	考试通过率符合职业考试要求（≥××%）	××	30
			……		
		可持续影响指标	教材持续发挥作用期限（≥××年）	××	
			业务培训人次（≥××人次）	××	
	满意度指标	服务对象满意度指标	培训综合评估优秀率（≥××%）	××	10
			网络培训课件评估（××星以上）	××	
			……		

第8节 水利部财务司关于印发《水利部重点二级项目预算绩效共性指标体系框架（2021版）》的通知

部门其他二级项目共性绩效目标表
（XXXX年度）

项目名称	水安全保障体系建设专项宣传					
主管部门及代码	××		实施单位	××		
项目资金/万元	年度资金总额：		××			执行率分值（10）
^	其中：财政拨款		××			^
^	上年结转		××			^
^	其他资金		××			^
年度总体目标	目标1：保持对水安全保障体系建设的报道，根据水安全保障体系建设工作进展，选择重要节点组织系列专题，集中推出一批有影响力、社会效果好的新闻作品； 目标2：通过系统、全面、深入的宣传和调研活动，总结、探讨水安全保障体系建设工作的经验、思路、方法、措施、对策，为构建水安全保障体系提供有力的舆论支撑 ……					
绩效指标	一级指标	二级指标		三级指标	指标值	分值权重（90）
^	产出指标	数量指标		报纸版数（≥××版）	××	50
^	^	^		杂志页码（≥××个页码）	××	^
^	^	^		手机报（≥××条）	××	^
^	^	^		新媒体读者覆盖面（≥××人）	××	^
^	^	^		微信公众平台（≥××条）	××	^
^	^	^		大型采访与宣传活动（≥××次）	××	^
^	^	^		网络宣传报道（≥××条）	××	^
^	^	^		报道文集印数（≥××册）	××	^
^	^	^		文集印制字数（≥××）	××	^
^	^	^		……		^
^	^	质量指标		报刊刊发稿件质量通过专家组验收	通过	^
^	^	^		新媒体宣传质量通过专家组验收	通过	^
^	^	^		……		^
^	^	时效指标		报纸宣传完成时间	12月中旬	^
^	^	^		杂志宣传完成时间	12月中旬	^
^	^	^		新媒体宣传完成时间	12月中旬	^
^	^	^		……		^
^	效益指标	社会效益指标		社会公众对水安全保障体系建设的知晓度	显著	30
^	^	^		……		^
^	^	可持续影响指标		社会公众对水安全保障体系建设的理解和支持	显著	^
^	^	^		……		^
^	满意度指标	服务对象满意度指标		上级主管部门满意度（≥××%）	××	10
^	^	^		公众对水安全宣传效果抽样效果满意度（≥××%）	××	^
^	^	^		……		^

通用二级项目共性绩效目标表
（XXXX 年度）

项目名称			资产运行维护			
主管部门及代码	××		实施单位		××	
项目资金/万元	年度资金总额：			××		执行率分值（10）
	其中：财政拨款			××		
	上年结转			××		
	其他资金			××		
年度总体目标	目标1：通过对防汛指挥中心办公大楼的空调、电梯、消防等系统进行维护，以保障防汛抗旱调度设施正常运转，确保流域防汛安全； 目标2：完成年度设施设备维修养护，为单位履行职责创造必要的办公条件； 目标3：通过24小时值班巡查及日常维护，使防汛抗旱调度设施设备处于稳定运行状态； 目标4：通过制定防调楼设施维护服务细则、服务质量和目标，做好防汛抗旱调度设施运行维护管理 ……					
绩效指标	一级指标	二级指标	三级指标		指标值	分值权重（90）
	成本指标	经济成本指标	电梯运行维护（≤××元/梯） ……		××	20
	产出指标	数量指标	房屋维修维护及环境卫生管理面积（××平方米）		××	40
			给排水设备、供电设备、电梯系统、空调系统、消防设备、其他设备运行维护（××台）		××	
			系统、设备运行维护次数（××次）		××	
			24小时在岗值守人次（≥××人次）		××	
			……			
		质量指标	设备无故障正常运行率（≥××%）		××	
			设备维修合格率（≥××%）		××	
			防汛大楼空调、电梯、消防设施等全年故障次数（≤××次）		××	
			……			
	效益指标	经济效益指标	降低故障率、延长设施设备使用寿命（设备无故障正常运行率≥××%） ……		显著	20
		社会效益指标	保障防汛抗旱调度设施正常运行 ……		明显	
		生态效益指标	使用节能措施促进生态环境改善 ……		明显	
		可持续影响指标	确保防汛抗旱调度设施持续安全运行 ……		显著	
	满意度指标	服务对象满意度指标	房屋/系统/设备使用单位满意度（≥××%）		××	10
			房屋/系统/设备使用投诉率（≤××%）		××	
			……			

第8节 水利部财务司关于印发《水利部重点二级项目预算绩效共性指标体系框架（2021版）》的通知

通用二级项目共性绩效目标表
（XXXX年度）

项目名称			转移支付上划		
主管部门及代码	××	实施单位	××		
项目资金/万元	年度资金总额：		××		执行率分值（10）
	其中：财政拨款		××		
	上年结转		××		
	其他资金		××		
年度总体目标	目标1：做好全国山洪灾害防治项目建设管理和技术支撑服务 ……				
绩效指标	一级指标	二级指标	三级指标	指标值	分值权重（90）
	产出指标	数量指标	指导年度实施方案编制与审核省份数量（≥××个）	××	50
			对口技术帮扶省份数量（≥××个）	××	
			技术培训与交流次数（≥××次）	××	
			项目建设管理统计及简报编制数量（≥××期）	××	
			山洪灾害防治县监督检查暗访数量（≥××个）	××	
			技术要求编制数量（≥××项）	××	
			全国项目建设组织实施年度工作会议（≥××次）	××	
			全国山洪灾害气象预警值班期数（≥××次）	××	
			……		
		质量指标	推广山洪灾害防治新技术、新方法、新设备的省份数量（≥××个）	××	
			……		
	效益指标	社会效益指标	出版山洪灾害科普教材（≥××部）	××	30
			组织科普宣传活动（≥××次）	××	
			……		
	满意度指标	服务对象满意度指标	各省级水旱灾害防御部门满意度（≥×%）	××	10
			……		

通用二级项目共性绩效目标表
（XXXX年度）

项目名称	中央纪委派驻机构纪检专项工作经费					
主管部门及代码	××		实施单位	××		
项目资金/万元	年度资金总额：			××		执行率分值（10）
^	其中：财政拨款			××		^
^	上年结转			××		^
^	其他资金			××		^
年度总体目标	目标1：加大执纪监督力度，深入改进作风，营造廉洁勤政、务实高效的工作氛围，推动反腐倡廉建设，促进党群干部及社会各方面关系和谐； 目标2：严肃查处各种违法违纪案件，保持查办案件高压态势，形成有利震慑 ……					
绩效指标	一级指标	二级指标	三级指标		指标值	分值权重（90）
^	产出指标	数量指标	会议次数（××次）		××	50
^	^	^	调研次数（××次）		××	^
^	^	^	会议/调研人数（××人）		××	^
^	^	^	宣讲/培训次数（××次）		××	^
^	^	^	……			^
^	^	质量指标	问题线索处置率（≥××%）		××	^
^	^	^	立案案件办结率（≥××%）		××	^
^	^	^	……			^
^	^	时效指标	案件办理时限（≤××月）		××	^
^	^	^	……			^
^	效益指标	社会效益指标	派驻机构党风廉政建设水平		有所提高	30
^	^	^	……			^
^	^	可持续影响指标	加大纪检监察力度，营造廉洁勤政氛围		长效	^
^	^	^	……			^
^	满意度指标	服务对象满意度指标	检查办案人员行为规范投诉（≤××次）		××	10
^	^	^	……			^

水利部财务司关于印发《水利部重点二级项目预算绩效共性指标体系框架（2021版）》的通知

通用二级项目共性绩效目标表
（XXXX年度）

项目名称		国际组织会费			
主管部门及代码	××	实施单位	××		
项目资金/万元	年度资金总额：		××		执行率分值（10）
	其中：财政拨款		××		
	上年结转		××		
	其他资金		××		
年度总体目标	目标1：通过向国际灌排委员会、国际水利与环境工程学会、世界水理事会、国际水资源协会、国际大坝委员会缴纳会费，体现我国负责任大国形象； 目标2：保障中国专家定期参与国际涉水组织的各项活动、定期获得有关学术杂志，并进一步巩固和加强我国在各国际组织中的地位和作用； 目标3：服务国家外交大局，宣传我国水利建设的巨大成就，推动中国水利在国际舞台上发挥导向性作用 ……				
绩效指标	一级指标	二级指标	三级指标	指标值	分值权重（90）
	产出指标	数量指标	向国际灌排委员会缴纳会费（××万元）	××	50
			向国际水利与环境工程学会缴纳会费（××万元）	××	
			向世界水理事会缴纳会费（××万元）	××	
			向国际水资源协会缴纳会费（××万元）	××	
			向国际大坝委员会缴纳会费（××万元）	××	
			……		
		时效指标	向国际灌排委员会缴纳会费	××年××月前	
			向国际水利与环境工程学会缴纳会费	××年××月前	
			向世界水理事会缴纳会费	××年××月前	
			向国际水资源协会缴纳会费	××年××月前	
			向国际大坝委员会缴纳会费	××年××月前	
			……		
	效益指标	可持续影响指标	持续发挥中国水利在国际舞台的导向性作用	是	30
			……		
	满意度指标	服务对象满意度指标	行业专家对项目的满意度（≥××%）	××	10
			……		

通用二级项目共性绩效目标表
（XXXX年度）

项目名称			对国际组织的捐赠		
主管部门及代码	××	实施单位	××		
项目资金/万元	年度资金总额：		××		执行率分值（10）
	其中：财政拨款		××		
	上年结转		××		
	其他资金		××		
年度总体目标	目标1：通过捐款推动中国水利部门、研究机构、高等院校和企业等更广泛和深入地参与世界水理事会、国际灌排委员会、全球水伙伴、国际水利与环境工程学会、亚洲水理事会和联合国世界水评估计划等在世界和亚太地区水利行业具有较大影响的国际组织的重要工作及其举办的有关活动； 目标2：拓展中国参与水利国际交流与合作的形式，增强国际社会对中国的了解，进一步扩大中国水利在世界的影响； 目标3：积极参与和引导国际重要涉水文件的起草工作 ……					
绩效指标	一级指标	二级指标	三级指标	指标值	分值权重（90）
	产出指标	数量指标	向世界水理事会捐款（××万元）	××	50
			向亚洲水理事会捐款（××万元）	××	
			向国际灌排委员会捐款（××万元）	××	
			向全球水伙伴捐款（××万元）	××	
			向国际水利与环境工程学会捐款（××万元）	××	
			……		
		质量指标	捐赠款达到使用要求	是	
			……		
		成本指标	……		
		时效指标	向世界水理事会捐款	××年××月前	
			向亚洲水理事会捐款	××年××月前	
			向国际灌排委员会捐款	××年××月前	
			向全球水伙伴捐款	××年××月前	
			向国际水利与环境工程学会捐款	××年××月前	
			……		
	效益指标	社会效益指标	提升国际组织对中国水利的认可率	显著	30
			中国水利在国际舞台话语权	提高	
			……		
		可持续影响指标	是否获得国际组织对中国水利的支持	是	
			……		
	满意度指标	服务对象满意度指标	行业专家对项目的满意度（≥××%）	××	10
			……		

水利部财务司关于印发《水利部重点二级项目预算绩效共性指标体系框架（2021版）》的通知

通用二级项目共性绩效目标表
（XXXX年度）

项目名称			亚洲合作资金项目		
主管部门及代码	××	实施单位	××		
项目资金/万元	年度资金总额：		××		执行率分值（10）
	其中：财政拨款		××		
	上年结转		××		
	其他资金		××		
年度总体目标	目标1：落实××会议（领导人会议/外长会/相关机制性重要会议）关于××的倡议/共识； 目标2：加强与亚洲××国家在××领域的技术交流与合作 ……				
绩效指标		一级指标	二级指标	三级指标	指标值	分值权重（90）
		产出指标	数量指标	面向外方的会议/培训次数（≥××次）	××	50
				参加会议/培训外方人次（≥××人）	××	
				示范点建设/试点设备安装个数（≥××个）	××	
				编制项目技术成果报告份数（≥××份）	××	
				……		
			质量指标	项目是否通过验收	是/否	
				……		
			时效指标	项目按时完成率（≥××%）	××	
				……		
		效益指标	社会效益指标	落实有关会议（领导人会议/外长会/相关机制性会议）的倡议/共识/文件	未落实/基本落实/有效落实	30
				向有关国家推广的中国在××领域的技术和经验适用性	向有关国家推广的中国在××领域的技术和经验（不适用/基本适用/非常适用）	
				……		
			可持续影响指标	项目成果在××国家××领域及外方合作单位的××工作中持续发挥作用	项目成果在××国家××领域及外方合作单位的××工作中（不可持续/部分持续/可持续）发挥作用	
				……		
		满意度指标	服务对象满意度指标	参会/参训人员满意度（≥××%）	××	10
				外方合作部门满意度（≥××%）	××	
				……		

通用二级项目共性绩效目标表
（XXXX年度）

项目名称			基地专项		
主管部门及代码	××	实施单位	××		
项目资金/万元	年度资金总额：		××		执行率分值（10）
	其中：财政拨款		××		
	上年结转		××		
	其他资金		××		
年度总体目标	目标1：组织召开年度学术委员会、管委会会议；组织召开、参加国内外学术交流会；加强重点实验室基本科研业务费、开放基金管理；提高实验室管理和学术水平； 目标2：紧密跟踪相关学科领域科研的国际前沿，加强基础、应用基础研究，紧密结合解决重大工程关键技术问题，充分发挥实验室的人才和团队优势，建设学科布局和人才结构配置合理、富于团队协作和开拓创新的科研队伍，取得一批高水平科研成果。服务行业决策，提高水利对社会经济可持续发展的支撑作用 ……				
绩效指标	一级指标	二级指标	三级指标	指标值	分值权重（90）
	产出指标	数量指标	提交成果报告（≥××篇）	××	50
			发表论文（≥××篇）	××	
			获国家发明/实用新型专利证书（≥××项）	××	
			获软件著作权登记证书（≥××项）	××	
			软件开发（≥××项）	××	
			出版专著/译著（≥××部）	××	
			标准制定或修订（≥××项）	××	
			试制样机（≥××个）	××	
			培养研究生（≥××人）	××	
			学术交流会议次数（≥××次）	××	
			年度学术委员会、管委会会议次数（≥××次）	××	
			省部级科研成果（≥××项）	××	
			仪器设备购置（××台）	××	
			仪器设备维修（××台）	××	
			……		
		质量指标	项目验收通过率（≥××%）	××	
			保障仪器设备正常稳定运行（全年稳定运行≥××天）	××	
			……		
	效益指标	社会效益指标	服务行业决策，提高水利对社会经济可持续发展的支撑作用	显著	30
			为国家重大治水实践提供科技支撑	显著	
			……		
		可持续影响指标	持续提高重点实验室管理、学术水平	显著	
	满意度指标	服务对象满意度指标	上级主管部门满意度（≥××%）	××	10
			重点实验室科研人员满意度（≥××%）	××	
			……		

第8节 水利部财务司关于印发《水利部重点二级项目预算绩效共性指标体系框架（2021版）》的通知

通用二级项目共性绩效目标表
（XXXX年度）

项目名称			科研机构专项业务费		
主管部门及代码	××	实施单位	××		
项目资金/万元	年度资金总额：		××		执行率分值（10）
	其中：财政拨款		××		
	上年结转		××		
	其他资金		××		
年度总体目标	目标1：进一步深化非营利性科研机构改革，为各项科研工作和科研管理提供支持，支持科研实施所需的设施设备的购置； 目标2：加强公益科研，巩固工程科研，为治水事业及国民经济建设提供科技支撑和服务……				
绩效指标	一级指标	二级指标	三级指标	指标值	分值权重（90）
	产出指标	数量指标	起草报送总结、报告、信息等份数（≥××份）	××	50
			培训次数（≥××次）	××	
			培训人次（≥××人次）	××	
			办公区维修维护面积（××平方米）	××	
			试验厅（室）维护（××平方米）	××	
			环境卫生管理面积（××平方米）	××	
			仪器设备购置（××台）	××	
			系统、设备运行维护次数（××次）	××	
			系统开发（≥××项）	××	
			学术交流会议次数（≥××次）	××	
			……		
		质量指标	提交成果专家审查通过率（≥××%）	××	
			设备设施正常稳定运行（全年正常稳定运行≥××天）	××	
			保障年度内非营利性机构的日常运行和各项科研任务的顺利完成	是	
			……		
		时效指标	成果报告按时提交率（≥××%）	××	
			……		
	效益指标	社会效益指标	保障非营利性科研机构承担的相应社会基础研究的任务和责任	明显	30
			提高设备利用率	投入使用后向社会开放共享	
			……		
		生态效益指标	科研基地的绿化和环境优化等实施，改善科研环境	显著	
			……		
		可持续影响指标	保障社会公益类科研机构的持续正常运转	显著	
			……		
	满意度指标	服务对象满意度指标	上级主管部门满意度（≥××%）	××	10
			科研人员对科研管理及后勤保障满意度（≥××%）	××	
			……		

通用二级项目共性绩效目标表
（XXXX 年度）

项目名称			科研机构基本科研业务费		
主管部门及代码	××	实施单位	××		
项目资金/万元	年度资金总额：		××		执行率分值（10）
	其中：财政拨款		××		
	上年结转		××		
	其他资金		××		
年度总体目标	目标1：履行公益性科学研究的职责，围绕国家、部门、流域科技发展需求和自身发展需要开展研究工作，提升基础研究水平； 目标2：充分发挥对行业及流域水利工作的科技支撑作用、加强院团队建设及科技骨干人才培养、保障科技基础性工作的开展 ……				
绩效指标	一级指标	二级指标	三级指标	指标值	分值权重（90）
	产出指标	数量指标	提交成果报告（≥××篇）	××	50
			发表论文（≥××篇）	××	
			获国家发明/实用新型专利证书（≥××项）	××	
			获软件著作权登记证书（≥××项）	××	
			出版专著/译著（≥××部）	××	
			标准制定或修订（≥××项）	××	
			试制样机（≥××个）	××	
			培养研究生（≥××人）	××	
			学术交流会议次数（≥××次）	××	
			获省部级以上奖励（≥××项）	××	
			……		
		质量指标	项目验收通过率（≥××%）	××	
			入选水利先进实用技术推广目录（≥××项）	××	
			获得国家（省部）级后续项目资助（≥××项）	××	
			……		
		时效指标	项目按时完成率（≥××%）	××	
			……		
	效益指标	社会效益指标	推动水利学科建设，提升学术水平和基础科研能力	显著	30
			研究成果被其他学术论文、刊物引用次数（≥××次）	××	
			……		
		生态效益指标	促进生态环境改善	显著	
		可持续影响指标	为水利科研领域后续研究提供支撑	显著	
			……		
	满意度指标	服务对象满意度指标	上级主管部门满意度（≥××%）	××	10
			推广应用（或专利使用）单位满意度（≥××%）	××	
			……		

第 8 节

水利部财务司关于印发《水利部重点二级项目预算绩效共性指标体系框架（2021 版）》的通知

通用二级项目共性绩效目标表
（XXXX 年度）

项目名称			科研设施专项运行维护费		
主管部门及代码	××	实施单位	××		
项目资金/万元	年度资金总额：		××		执行率分值（10）
	其中：财政拨款		××		
	上年结转		××		
	其他资金		××		
年度总体目标	目标 1：保障观测实验站基础设施运行正常，观测实验设施使用状态良好，环境整洁美观，人员及财产安全，为开展流域资源、生态、环境、灾害等进行长期系统监测和科学实验提供良好的科研基础条件； 目标 2：大力促进相关学科发展，为流域规划、河道治理、防灾减灾、水资源可持续利用、生态环境保护与修复、水行政综合管理、重要水源地保护、重大工程建设等提供科学依据和优化示范模式，为流域乃至全国经济社会发展提供技术支撑 ……				
绩效指标	一级指标	二级指标	三级指标	指标值	分值权重（90）
	产出指标	数量指标	试验厅（室）维护（×× 平方米）	××	50
			科研用房维护（×× 平方米）	××	
			……		
		质量指标	设施、设备维护标准	达到国家相关验收标准	
			……		
		时效指标	项目按时完成率（≥ ××%）	××	
			……		
	效益指标	社会效益指标	保证科研基地正常运行，满足科研生产需要	显著	30
			提高设备利用率	投入使用后向社会开放共享	
			……		
		生态效益指标	为水生态文明建设提供支撑作用	明显	
			……		
		可持续影响指标	为水利科研和相关学科发展提供支撑作用	明显	
			……		
	满意度指标	服务对象满意度指标	科研人员满意度（≥ ××%）	××	10
			……		

通用二级项目共性绩效目标表
（XXXX年度）

项目名称			科研机构研究生培养经费		
主管部门及代码	××	实施单位	××		
项目资金/万元	年度资金总额：		××		执行率分值（10）
	其中：财政拨款		××		
	上年结转		××		
	其他资金		××		
年度总体目标	目标1：提高研究生培养质量、增强科技创新能力，整合资源； 目标2：强化管理，注重发展自己的优势学科、特色学科、新型交叉学科，建设一支具有生机活力和科技创新能力的研究生团队； 目标3：聚集一批有声望、有影响的导师队伍，适应新时期、新环境对研究生教育的要求，繁荣科研教育事业； 目标4:适应治水思路的转变和水利水电科技事业创新发展的需求，同时为水利学科建设和科研事业发展培养高级专门人才 ……				
绩效指标	一级指标	二级指标	三级指标	指标值	分值权重（90）
	产出指标	数量指标	每年招收培养硕士研究生（××人）	××	50
			每年招收培养博士研究生（××人）	××	
			年助学金发放人数（××人）	××	
			年奖学金发放人数（××人）	××	
			年发表论文（≥××篇）	××	
			学位会议次数（≥××次）	××	
			年开题人数（××人）	××	
			……		
		质量指标	毕业率（≥××%）	××	
			就业率（≥××%）	××	
			……		
		时效指标	招生工作按期完成(每年××月完成，并上报录取数据）	××	
			毕业工作按期完成(每年××月完成，并顺利派遣）	××	
			……		
	效益指标	社会效益指标	提高在读研究生生活保障水平	为在读研究生提供助学、奖励、医疗等多方面的支持	30
			为国家培养合格的水利科学高层次人才，为水利人才队伍建设输送优秀资源	显著	
			培养在读研究生健康向上的品格	组织在读研究生开展文化、体育活动	
			……		
		可持续影响指标	顺应国家发展，持续培养水利人才	显著	
	满意度指标	服务对象满意度指标	用人单位满意度（≥××%）	××	10
			……		

第8节 水利部财务司关于印发《水利部重点二级项目预算绩效共性指标体系框架（2021版）》的通知

通用二级项目共性绩效目标表
（XXXX年度）

项目名称			科研机构改善科研条件专项		
主管部门及代码	××	实施单位	××		
项目资金/万元	年度资金总额：		××	执行率分值（10）	
	其中：财政拨款		××		
	上年结转		××		
	其他资金		××		
年度总体目标	目标1：恢复保障仪器设备的正常运行，提升水利科研和创新能力； 目标2：提升技术水平，为大型水利工程的设计和建设提供技术支撑； 目标3：改善试验基地科研人员工作条件，提升科研人员工作环境 ……				
绩效指标	一级指标	二级指标	三级指标	指标值	分值权重（90）
	成本指标	经济成本指标	单台（套）价格在200万元人民币及以上仪器设备是否按中央级新购大型科研仪器设备查重评议	是	20
			……		
	产出指标	数量指标	仪器设备购置（××台）	××	40
			仪器设备升级改造（××台）	××	
			房屋修缮面积（××平方米）	××	
			试验厅（室）维护（××平方米）	××	
			基础设施改造（××处）	××	
			给排水改造（××米）	××	
			供电线路改造（××米）	××	
			道路改造（××米）	××	
			……		
		质量指标	试运行报告通过审查	通过	
			……		
	效益指标	经济效益指标	降低故障率、延长设施设备使用寿命	显著，设备故障时间≤10%	20
			降低科研成本	显著	
			……		
		社会效益指标	提升水利科研和创新能力	显著	
			改善科研人员工作环境	显著	
			提高设备利用率	投入使用后向社会开放共享	
			为解决国家重大问题或具体项目研究提供支撑	显著	
			……		
		可持续影响指标	保障仪器设备长期安全稳定运行（全年正常稳定运行≥××天）	显著	
			……		
	满意度指标	服务对象满意度指标	科研人员满意度（≥××%）	××	10

通用二级项目共性绩效目标表
（XXXX 年度）

项目名称	科技业务管理费				
主管部门及代码	××	实施单位	××		
项目资金/万元	年度资金总额：	××			执行率分值（10）
	其中：财政拨款	××			
	上年结转	××			
	其他资金	××			
年度总体目标	目标1：紧紧围绕贯彻落实创新驱动发展，加强水利科技的顶层设计，梳理好水利行业重大科技需求，组织好重大水利问题研究，抓好水利科技创新体系建设，组织好重点实验室和工程技术研究中心的建设与运行，加强科技人才培养，不断增强水利科技创新能力，以科技创新支撑和引领水利改革发展； 目标2：对预算执行中存在的问题进行研究，加强管理。优化监督检查手段，同时根据水利中心工作和预算执行管理重点，选取重点项目、重点资金开展自查和重点检查，并要求各单位对检查发现的问题积极落实整改，进一步完善内部控制制度 ……				
绩效指标	一级指标	二级指标	三级指标	指标值	分值权重（90）
	产出指标	数量指标	监督检查次数（≥××次）	××	50
			培训次数（≥××次）	××	
			培训人次（≥××人次）	××	
			调研次数（≥××次）	××	
			……		
		质量指标	管理工作质量是否符合规定要求	符合	
			评审结果是否符合财政部要求	符合	
			……		
	效益指标	社会效益指标	促进水利科技进步和水利现代化建设	显著	30
			……		
		可持续影响指标	推进水利行业可持续发展	明显	
			……		
	满意度指标	服务对象满意度指标	上级主管部门满意度（≥××%）	××	10
			……		

第8节 水利部财务司关于印发《水利部重点二级项目预算绩效共性指标体系框架（2021版）》的通知

通用二级项目共性绩效目标表
（XXXX年度）

项目名称			中央基建投资			
主管部门及代码	××	实施单位	××			
项目资金/万元	年度资金总额：		××		执行率分值（10）	
	其中：财政拨款		××			
	上年结转		××			
	其他资金		××			
年度总体目标	目标1：开展水利规划、项目前期和基础工作等前期工作，推动中央预算内水利前期工作取得成效； 目标2：开展直属国家水网工程和水安全保障项目建设，年度投资计划执行良好，保障建设质量和效益，有效控制投资概算，完工项目可初步发挥效益； 目标3：开展部直属单位科研及其他生产设施等建设，提升部直属单位能力 ……					
绩效指标	一级指标	二级指标	三级指标		指标值	分值权重（90）
	成本指标	经济成本指标	超规模、超标准、超概算项目比例（≤××%）		××	20
			……			
		社会成本指标	对社会发展和公共福利造成负面影响的项目比例（≤××%）		××	
			……			
		生态环境成本指标	生态环境影响控制不符合要求的项目比例（≤××%）		××	
			……			
	产出指标	数量指标	支持项目数量（=××个）		××	40
			年度建设任务量完成率（≥××%）		××	
			……			
		质量指标	年度工程质量合格率（≥××%）		××	
			审计、督查、巡视等指出问题项目比例（≤××%）		××	
			……			
		时效指标	项目按时开工率（≥××%）		××	
			项目按时完工率（≥××%）		××	
			……			
	效益指标	经济效益指标	基本实现年度经济效益目标的项目比例（≥××%）		××	20
			……			
		社会效益指标	基本实现年度社会效益目标的项目比例（≥××%）		××	
			……			
		生态效益指标	生态效益发挥基本符合要求的项目比例（≥××%）		××	
	满意度指标	服务对象满意度	受益群众满意度（≥××%）		××	10
			运行管理单位满意度（≥××%）		××	
			……			

第9节

中国水科院关于印发《中国水科院预算绩效管理实施细则》的通知

中国水科院关于印发《中国水科院预算绩效管理实施细则》的通知

水科财资〔2022〕46号

院属各单位：

为规范我院预算绩效管理，提高资金使用效益，根据《中共中央国务院关于全面实施预算绩效管理的意见》《水利部部门预算绩效管理暂行办法》及《水利部部门预算绩效管理工作考核暂行办法》等相关规定，结合工作实际，我院研究制定了《中国水科院预算绩效管理实施细则》。现予以印发，请遵照执行。

附件：中国水科院预算绩效管理实施细则

中国水利水电科学研究院

2022年8月4日

附件

中国水科院预算绩效管理实施细则

第一章 总 则

第一条 为规范我院预算绩效管理，提高资金使用效益，根据《中华人民共和国预算法》《中共中央 国务院关于全面实施预算绩效管理的意见》《水利部部门预算绩效管理暂行办法》《水利部部门预算绩效管理工作考核暂行办法》等相关规定，结合我院实际，制定本细则。

第二条 我院预算绩效管理分为单位整体支出预算绩效管理和项目支出预算绩效管理两大类。

本《实施细则》所涉及的项目，是指纳入水利部部门预算管理的所有项目。

第三条 预算绩效管理按照分级分类、程序规范、激励约束、公开透明的原则进行。

第二章 组织管理机构及职责

第四条 院预算管理与内部控制领导小组统一领导预算绩效管理工作，研究、协调解决我院预算绩效管理等相关重大事项。

第五条 院属相关单位及项目负责人按照各自职责，做好全院预算绩效管理工作。

（一）财资处。负责院预算绩效管理制度体系建设；负责全院预算绩效管理的组织协调工作；会同院属相关单位建立健全全院预算绩效指标体系框架；上报、批复绩效目标及指标，组织开展事前绩效评估、绩效监控、绩效评价及培训宣传等相关工作；研究提出预算绩效评价结果应用建议；动态完善预算绩效管理专家库；指导、组织院属相关单位、项目负责人开展预算绩效管理工作。

（二）科研计划处。配合财资处审核项目绩效目标及指标申报情况、完成情况等以及配合开展预算绩效管理相关工作。

（三）院属相关单位。根据院统一安排，组织项目负责人开展预算绩效目标及指标申报、事前绩效评估、绩效监控和绩效评价等相关工作，并对绩效目标及指标申报情况、完成情况等进行初审；组织对绩效监控和绩效评价中发现的问题进行整改；配合做好单位整体支出绩效评价工作。

（四）项目负责人。开展项目绩效目标及指标申报、执行监控、绩效评价等相关具体工作；落实已发现问题的整改工作。若项目涉及两个或两个以上专题的，原则上由专题金额最大的专题负责人统筹做好各专题绩效目标及指标审核、打捆汇总、评价上报等预算绩效管理工作。

第三章　绩效目标及指标管理

第六条　预算资金应当按照财政部要求设定绩效目标和绩效指标。

绩效指标包括成本指标、产出指标、效益指标和满意度指标四类一级指标，原则上应从水利部重点二级项目预算绩效共性指标体系框架以及水科院重点二级项目预算绩效个性指标体系框架中选取。

水科院重点二级项目预算绩效个性指标体系框架根据实际动态调整，并在院网发布。

（一）成本指标主要包括经济成本指标、社会成本指标和生态环境成本指标等二级指标。工程基建类项目、大型修缮及购置类项目等应设置成本指标。

（二）产出指标主要包括数量指标、质量指标和时效指标等二级指标。数量指标和质量指标原则上均需设置；时效指标根据项目实际设置，不做强制要求。

（三）效益指标主要包括经济效益指标、社会效益指标、生态效益指标等二级指标。对于具备量化条件的效益指标，应尽可能通过科学合理的方式予以量化反映。工程基建类项目、大型修缮及购置类项目应结合使用期限，在相关指标中明确当年及以后一段时期内预期效益发挥情况。基础类研究项目应根据项目实际，不做效益指标设置的强制要求。

（四）满意度指标主要涉及直接面向社会主体、公众提供公共服务以及其他事关群众切身利益的项目支出；其他项目根据实际情况可不设满意度指标。

第七条　财资处会同科研计划处组织开展下年度项目事前绩效评估。事前绩效评估不通过的，原则上不得申报下年预算。

第八条 预算绩效目标及指标申报过程：

（一）项目储备阶段。凡申请储备的项目，绩效目标、指标应与项目申报文本同步申报、同步审核、同步入库。

（二）"一上"和"二上"阶段。项目负责人对已储备入库的项目绩效目标及指标进行修改完善，经项目承担单位初审、财资处会同科研计划处审核、院长办公会审议后，分别随"一上"、"二上"上报水利部。

院属相关部门做好单位整体支出绩效目标及指标填报工作，由财资处汇总，经院长办公会审议后，随"二上"上报水利部。

第九条 财资处根据水利部"二下"预算批复，于15日内将预算绩效目标及指标分解批复至院属相关部门、项目负责人。

第十条 预算绩效目标及指标批复后，一般不予调整。因政策变化、突发事件等因素导致项目资金发生变化且绩效目标难以实现的，项目负责人应于每年6月底前将绩效调整的有关材料报财资处初审。财资处按照部门预算调剂流程报水利部审核、财政部审批，并及时反馈绩效调整的批复结果。

第四章 中期绩效执行监控

第十一条 每年8月，财资处根据水利部要求，组织项目负责人对1—7月项目预算执行情况和绩效目标实现程度开展绩效监控分析。具体工作程序如下：

（一）收集绩效监控信息。项目负责人对照绩效目标，以绩效目标执行情况为重点收集绩效监控信息。

（二）分析绩效监控信息。项目负责人在收集上述绩效信息的基础上，对偏离绩效目标的原因进行分析，对全年绩效目标完成情况进行预计，并对预计年底不能完成目标的原因及拟采取的改进措施做出说明。

（三）填报绩效监控情况表。项目负责人在分析绩效监控信息的基础上，填写《项目支出绩效目标执行监控表》，经项目承担单位审核后报送财资处。

（四）报送绩效监控报告。财资处会同科研计划处对《项目支出绩效目标执行监控表》进行审核，并将审核结果反馈至各项目负责人进行修改完善；财资处会同科研计划处总结绩效监控工作开展情况，分析经验教训、提出下一步改进措施，形成院绩效监控报告，经院审核通过后与《项目支出绩效目标执行监控表》一并上报水利部。

第十二条 项目执行中，应通过绩效监控信息深入分析预算执行进度慢、绩效水平不高的具体原因，对发现的绩效目标执行偏差和管理漏洞，及时采取分类处置措施予以纠正：

（一）对于因政策变化、突发事件等客观因素导致预算执行进度缓慢或预计无法实现绩效目标的，项目负责人应本着实事求是的原则，及时按程序申请调减预算，并同步调整绩效目标。

（二）对于绩效监控中发现严重问题的，项目负责人应暂停项目实施，及时纠偏止损。

第五章　年度绩效评价

第十三条 年度绩效评价包括单位整体支出绩效评价和项目支出绩效评价。其中，项目支出绩效评价包括项目绩效自评价、试点项目绩效评价等。

单位整体支出绩效评价是我院对部门预算批复的全部资金在一定期限内预期达到的总体产出和效果进行评价。

第十四条 根据水利部工作部署安排，财资处会同科研计划处组织院属相关部门开展单位整体支出绩效评价工作。

单位整体支出绩效评价内容主要包括：决策情况、资金管理和使用情况、相关管理制度办法的健全性及执行情况、实现的产出情况、取得的效益情况以及其他相关内容。

第十五条 项目绩效自评价是对以项目为单元的预算资金开展绩效目标、绩效指标完成情况及预算执行情况的自我评价。

第十六条 项目绩效自评价绩效指标的分值权重由项目负责人依据指标的重要程度合理设置，设立后原则上不得调整。一级指标和预算执行率权重原则上按照财政部有关规定予以设置。

（一）对于设置成本指标的项目，成本指标20%、产出指标40%、效益指标20%、满意度指标10%、预算执行率10%。

（二）对于未设置成本指标的项目，产出指标50%、效益指标30%、满意度指标 10%、预算执行率 10%。

（三）对于未设置成本指标、满意度指标的项目，产出指标 50%、效益指标 40%、预算执行率 10%。

第十七条 财资处会同科研计划处根据水利部要求，组织项目负责人对上年度部门预算项目开展绩效自评工作。具体工作程序如下：

（一）收集项目绩效佐证材料。项目负责人对照批复的绩效目标、指标，以绩效完成情况为重点收集绩效佐证材料。

（二）分析绩效自评信息。项目负责人在收集上述绩效佐证材料的基础上，对偏离绩效目标、指标的原因进行分析，研究提出整改措施。

（三）填报绩效自评表。项目负责人在分析绩效自评信息的基础上，填报《项目支出绩效自评表》，经项目承担单位审核后与绩效佐证材料一并报送财资处。

（四）审核绩效自评信息。财资处会同科研计划处根据绩效佐证材料审核《项目支出绩效自评表》，审核结果反馈至各项目负责人修改完善。

（五）报送绩效自评报告。财资处会同科研计划处总结绩效自评工作开展情况，分析经验教训、提出下一步改进措施，形成院绩效自评价报告，经分管院领导审批后，与《项目支出绩效自评表》一并上报水利部。

第十八条 试点项目绩效评价的对象和内容均由财政部、水利部根据年度工作需要确定。

第十九条 财资处会同科研计划处组织开展试点项目绩效评价工作。具体工作程序如下：

（一）开展自评价。项目负责人根据水利部印发的绩效评价指标体系及打分办法，结合收集的绩效佐证材料，组织开展自评价工作。在自评价的基础上，撰写试点项目绩效评价报告。

（二）组织审核。财资处会同科研计划处根据绩效佐证材料对试点项目评价报告开展审核，并将审核结果反馈试点项目负责人进行修改完善，经分管院领导审批后上报水利部。

（三）复核评价。财资处会同科研计划处、项目承担单位、项目负责人配合水利部做好绩效评价复核工作。

第二十条 项目支出绩效评价采用定量与定性评价相结合的比较法，总分由各项指标得分汇总形成。定量、定性指标的得分以及评价结果的评定，应按照财政部有关要求执行。

定量指标得分按照以下方法评定：与年初指标值相比，完成指标值的，记该指标所赋全部分值；对完成值高于指标值较多的，要分析原因，如果是由于年初指标值设定明显偏低造成的，要按照偏离度适度调减分值；未完成指标值的，按照完成值与指标值的比例记分。

定性指标得分按照以下方法评定：根据指标完成情况分为达成年度指标、部分达成年度指标并具有一定效果、未达成年度指标且效果较差三档，分别按照该指标对应分值区间 100%~80%（含）、80%~60%（含）、60%~0% 合理确定分值。

第二十一条 项目支出绩效评价结果采取评分定级的方法，总分一般设置为 100 分，等级一般划分为四档：90（含）~100 分为优、80（含）~90 分为良、60（含）~80 分为中、60 分以下为差。

第二十二条 根据财政部对专项管理规定，科研计划处组织开展基本科研业务费绩效评价；条件平台处组织开展改善科研条件专项绩效评价。

第六章 结 果 应 用

第二十三条 院属相关部门应加强对中期绩效监控、年度绩效评价工作中发现问题的整理、分析，并及时反馈院属相关部门和项目负责人，明确整改时限，落实整改任务。各项目负责人应深入查摆问题原因，提出整改措施，整改情况报财资处备案。

第二十四条 财资处按照国家有关要求，做好预算绩效管理公开公示。

第二十五条 预算绩效评价结果作为全院资金分配、项目排序、完善政策和改进管理的重要依据。原则上，对评价等级为"优"和"良"的，优先保障预算安排及项目排序；对评价等级为"中"和"差"的，视情况核减预算安排和调整项目排序。

第二十六条 预算绩效管理工作中如存在滥用职权、玩忽职守、徇私舞弊等违法违纪行为，以及违反本实施细则，造成严重低效无效、重大损失的责任人，要按照有关规定追责问责。

第七章 附 则

第二十七条 我院预算绩效管理工作涉及保密事项的，按照保密工作有关法律规章制度执行。

第二十八条 水利部牧区水利科学研究所和水利部机电研究所可结合实际制定具体的管理办法。国际泥沙研究培训中心预算绩效管理按照此细则执行。

第二十九条 本细则由财资处负责解释。

第三十条 本细则自印发之日起施行。